机械工程图学

李永强 编著

同济大学出版社
TONGJI UNIVERSITY PRESS

内 容 提 要

本书以教育部"普通高等院校工程图学课程教学基本要求"为依据,并结合技术应用型高等工科院校人才培养的教学改革经验编写而成。

本书共 9 章。主要内容包括:概论,机件常用的表达方法,标准件与常用件,零件图,零件的技术要求,装配图,零部件测绘,展开图与焊接图,常用设计及制图资料。

本书是高等院校机械类、近机械类专业学生学习工程图学系列课程的教学用书,也可供高等院校相关专业的师生及工程技术人员参考。本书配有《机械工程图学习题集》供学生练习使用。

图书在版编目(CIP)数据

机械工程图学/李永强编著. --上海:同济大学出版社,2015.11

ISBN 978 - 7 - 5608 - 6036 - 7

Ⅰ.①机… Ⅱ.①李… Ⅲ.①机械制图—高等学校—教材 Ⅳ.①TH126

中国版本图书馆 CIP 数据核字(2015)第 242807 号

机械工程图学

编著 李永强

责任编辑 张崇豪 **责任校对** 张德胜 **封面设计** 陈益平

出版发行	同济大学出版社 www.tongjipress.com.cn	
	(地址:上海市四平路 1239 号 邮编:200092 电话:021 - 65985622)	
经 销	全国各地新华书店	
印 刷	同济大学印刷厂	
开 本	787mm×1092mm 1/16	
印 张	13.5	
印 数	1—3 100	
字 数	337 000	
版 次	2015 年 11 月第 1 版 2015 年 11 月第 1 次印刷	
书 号	ISBN 978 - 7 - 5608 - 6036 - 7	
定 价	33.00 元	

前　　言

  本书以教育部"普通高等院校工程图学课程教学基本要求"为依据,并结合技术应用型高等工科院校人才培养的教学改革经验编写而成。

  在本书的编写过程中,基于已在现代制造业普及的数字化与网络化设计制造模式的大背景,以体现匹配制造业发展的机械工程图学体系为基础,突出机械工程图学内容的专业系统性和行业应用性。同时,作为教学用书,本书也力求体现内容与机械基础系列内容之间的融会,明确层次,精选内容,贯彻执行最新机械设计及制图的相关国家标准,贯彻面向现代设计和制造的工程图学表达模式,培养面向行业一线基础的工程意识、技术、能力和素质。

  全书共9章。另编写了《机械工程图学习题集》,配合本书使用。

  本书可供高等院校相关专业使用,章、节可根据不同专业的需要取舍。同时,也可供相关行业工程技术人员参考。

  本书由李永强编著。在编写过程中承蒙章阳生、任宗义、王林军教授的指导和审阅,三位教授提出了许多宝贵的意见和建议,在此谨表达最诚挚的谢意!

  本书在编写过程中参考了相关的同类著作,特向有关作者致谢。

  限于编者的经验和水平,书中难免有疏漏与不当之处,恳请读者批评指正。

编　　者

2015 年 9 月

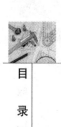

Contents 目　　录

第 1 章 概 论

1.1 制造业与工程图

1.1.1 工程图在制造业中的核心作用

在制造业中,工程图是产品最核心的信息载体。纵观产品生命周期的各个环节,无论是传统制造时代还是现代基于数字化与网络化的智能制造时代,工程图始终是涵盖了从开发论证到设计、试验、制造、维修、回收处理等整个产品生命周期的信息集合体,是产品生命周期中不可替代的"技术语言"。

1.1.2 传统制造与二维工程图

在传统制造业中,常见到的工程图样有机器总图、各部件的装配图、零件工作图、电气或液压传动原理图、润滑与冷却系统图等。以最常见的零件工作图、部件装配图和机器总图三种机械工程图样为例:在设计和改进机器设备时,要通过它们来表达设计思想和要求;在制造机器过程中,图样是加工、检验、装配等各个环节的重要依据;在使用机器时,也要通过图样来帮助了解机器的结构与性能。在传统的工程与生产中,技术管理方式是以手工或计算机二维软件绘图、描图为主,并且主要依靠图纸组织整个生产过程。在这种模式下产品的设计开发周期较长、生产加工流程控制不理想、产品的更新换代也相对较慢。传统的产品开发、设计及制造流程如图1-1所示。

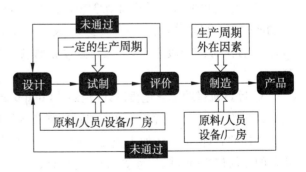

图 1-1 传统的产品开发、设计及制造流程

1.1.3 智能制造与三维工程图(模型)

在现代基于数字化与网络化的智能制造时代,工程图样不再是简单的二维图纸集,而是

在计算机虚拟环境下的三维模型。基于这些三维模型,不但可较为快速和准确地生成传统的二维图纸,准确地进行部件和机器的虚拟装配,进行整机及零部件的工程分析,进行零件加工工艺及过程的制定及仿真,更重要的是基于计算机的系统可以将制造企业的经营、管理、计划、产品开发与设计、加工制造、销售、售后服务及回收等全部活动进行集成。在这个集成的系统中,三维模型的数据及结构更新与各环节保持并行,极大地缩短了产品的开发时间和成本。现代产品开发、设计及制造流程如图1-2所示。

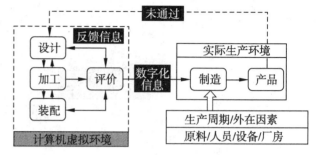

图1-2 现代产品开发、设计及制造流程

1.1.4 制造业中与工程图相关的一些术语

1. 计算机图形学[Computer Graphics (CG)]

从学术角度来说是指计算机图形学,是一种使用数学算法将二维或三维图形转化为计算机显示器的栅格形式的科学。简单地说,计算机图形学的主要内容就是研究如何在计算机中表示图形,以及利用计算机进行图形的计算、处理和显示的相关原理与算法。

计算机图形学的诞生及其后来在工程图学领域的应用彻底结束了工程图纸依靠图板由人工尺规绘图的时代。

2. 计算机辅助设计/绘图[Computer Aided Design/Drawing(CAD)]

计算机辅助设计/绘图,指利用计算机及其图形设备帮助设计人员进行设计工作。在早期,设计人员仅仅是通过计算机来进行工程图形绘制和设计计算,从工程图形的角度来讲,一般将这个过程称为计算机辅助绘图阶段,即 Computer Aided Drawing。后来,随着设计软件功能的拓展和完善,基于一个或多个(或集成)系统即可完成产品的整个结构设计及分析过程,从工程图形的角度来讲,一般将这个过程称为计算机辅助设计阶段,即 Computer Aided Design。

3. 计算机辅助工艺过程设计(规划)[Computer Aided Process Planning(CAPP)]

计算机辅助工艺过程设计(规划),从制造业的角度来看,是利用计算机来进行零件加工工艺过程的制订,把毛坯加工成工程图纸上所要求的零件。它是通过向计算机输入被加工零件的几何信息(形状、尺寸等)和工艺信息(材料、热处理、批量等),由计算机自动输出零件的工艺路线和工序内容等工艺文件的过程。

4. 计算机辅助制造[Computer Aided Manufacturing (CAM)]

计算机辅助制造,从制造业的角度来看,是利用计算机来进行生产设备管理控制和操作的过程。它的输入信息是零件的工艺路线和工序内容,输出信息是机械设备(如机床机床等)加工时的(如机床刀具)运动轨迹(刀位文件)和数控程序。

5. 产品数据管理[Product Data Management（PDM）]

产品数据管理，用来管理所有与产品相关信息（包括零件信息、配置、文档、CAD 文件、结构、权限信息等）和所有与产品相关过程（包括过程定义和管理）的技术。通过实施 PDM，可以提高生产效率，有利于对产品的全生命周期进行管理，加强对于文档，图纸，数据的高效利用，使工作流程规范化。

6. 产品生命周期管理[Product Lifecycle Management（PLM）]

产品生命周期管理，可以认为是产品在 CAD、CAPP、CAM、CAE、PDM 等方面的集成，或者技术信息化，即与产品创新有关的信息技术的总称。从另一个角度而言，PLM 是一种理念，即对产品从创建到使用，到最终报废等全生命周期的产品数据信息进行管理的理念。

1.2　机械的组成及零、部件概述

1.2.1　机械的组成

机械是机器和机构的总称。在生产过程中，它能把输入的能量转化成机械能。从制造的角度来看，任何机器都是由若干零件组成的，比较复杂的机器，常常是由零件和机构组成部件，再由部件和零件（有少数零件在装配机器时，不参加任何部件而单独作为一个装配单元与其他部件一起直接装配在机器上）组成机器。图 1-3 所示为卧式车床（机器）的结构图，它由主轴箱（部件）、进给箱（部件）、尾座（部件）、床身（零件）、底座（零件）等零部件构成。

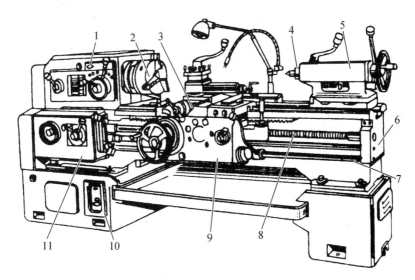

1—主轴箱；2—卡盘；3—刀架；4—顶尖；5—尾座；6—床身；
7—光杠；8—丝杠；9—溜板箱；10—底座；11—进给箱

图 1-3　卧式车床结构图

机械的种类繁多,通常情况下,机器可按功能划分为三个部分:原动部分、传动部分、工作部分。

1. 原动部分

原动部分是驱动机械运转并供给动力的部分,简称原动机,卧式车床用的是电动机。原动机有电动机、内燃机等,机械行业多采用电动机。电动机都是定型产品,设计时只需根据工作要求和条件选择适当的型号即可。

2. 传动部分

传动部分是将原动机输出的运动和能量传递给工作部分。原动机一般只具有固定的运动形式和速度,工作部分的运动形式和速度则因机械的功能不同而异,这就需要一个中间环节,用来传递、改变运动速度或转变运动形式,这些中间环节就叫做传动部分(或传动装置)。传动装置有液压传动、气压传动、机械传动等,如带传动、齿轮变速机构等都属于机械传动。卧式车床电动机就是通过带传动将转速传递到主轴箱等部件的,同时主轴箱和进给箱就是通过箱内的变速机构(如齿轮轮系机构)来改变运动速度、运动方向甚至运动形式的。

3. 工作部分

工作部分是机械中直接实现使用功能的部分,其结构形式取决于机械本身的用途。卧式车床的工作是靠刀具的横向进给运动和工件的回转运动(工件装卡在卡盘上,卡盘连接着机床的主轴,由主轴带动工件回转运动)实现切削加工,卡盘、刀架、尾架是其工作部分。

1.2.2 机器相关的一组概念

以下概念从制造的角度来看:

1. 零件

机器中每一个单独加工的单元体称为零件,零件是加工制造的基本单元。

2. 构件

可以是单一的零件,也可以是几个零件的刚性组合体(零件之间没有相对运动的整体称为刚性组合体),构件是机器中运动的基本单元。

3. 机构

是指由两个以上的构件按一定形式连接起来,且相互之间具有确定的相对运动的组合体。因此,机构是运动的,并且有一定的规律。

4. 部件

按功能划分的装配单元称为部件,每个部件中包含若干零件,各零件间有确定的相对位置,可能实现某种相对运动(机构),也可能相对静止(构件),它们为完成同一功能而协同工作。

1.2.3 零件及其分类

机器的功能不同,其组成零件的数量、种类和形状等均不同。

根据零件在机器或部件上的作用,一般可将零件分为一般零件、传动零件(一般为常用件)和标准件三类。有一些零件或部件被广泛地、大量地、频繁地用于各种机器之上。为了设计、制造和使用方便,它们的相关结构形状、尺寸和画法等被标准化或部分标准化。设计、制造和绘图时必须按照 GB 执行。这类零件或部件就是标准件或常用件。

如图 1-4 所示为二级减速器(部件)的结构图,它包含了以上常见的三类零件。

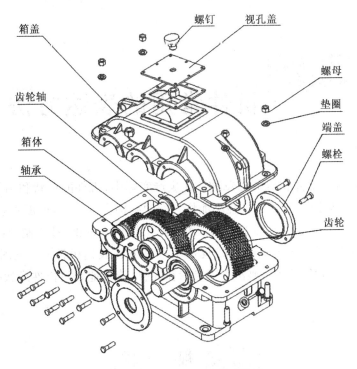

图 1-4　二级齿轮减速器结构图

1. 一般零件

一般零件如上述减速器中的箱体、箱盖、轴等。这类零件的结构、形状通常根据它在机件中的作用和制造工艺要求决定。一般零件按照它们的结构特点可分成四大类,分别为:轴套类、盘盖类、叉架类和箱体类。这些零件一般都要画出它们的零件图以供加工制造。

2. 标准件

国家标准将其型式、结构、材料、尺寸、精度及画法等均予以标准化的零件。标准件一般由专门厂家进行大批量生产。

标准件如上述减速器中的螺纹连接件(螺栓、螺母、垫圈、螺钉……)、滚动轴承等,另外,常见的还有键和销。它们主要起零件的连接、支承、密封等作用。标准件不用绘制其工作图,每一种类型的标准件,国家标准中都有相关的标记与之对应,只要标出它们的规定标记,就能从有关标准中查到它的材料、尺寸和技术要求等,在设计过程中直接选取即可。但是在装配图中需要绘制其相关结构。

3. 常用件

国家标准对其部分结构及尺寸参数进行了标准化的零件称为常用件。

常用件如上述减速器中的齿轮,另外,还有蜗轮、蜗杆、皮带轮及弹簧等。这些零件起传递动力和运动的作用。常用件必须绘制其工作图,国家标准规定的结构和参数必须查相应的设计手册进行确定。

第2章
机件常用的表达方法

机件是机械零件、部件和机器的总称。在生产实际中,机件的形状和结构多种多样,仅采用前正投影法所规定的三视图,往往不能将它们的结构表达清楚,还需要采用其他各种表达方法,才能使画出的图样清晰易懂,绘图简便。为此,国家标准(技术制图:GB/T 17451—1998 和机械制图:GB/T 4458.6—2002)规定了各种方法表达机件——视图、剖视图、断面图、局部放大图、简化画法及规定画法等。要求在完整、清晰地表达机件形状的前提下,力求制图简便。

2.1 视 图

视图(技术制图:GB/T 17451—1998)主要用于表达机件的外部结构形状,是机件向投影面投影所得的图形,一般只画出机件的可见部分,必要时才画出其不可见部分。视图分为:基本视图、向视图、局部视图、和斜视图 4 种。

2.1.1 基本视图

基本视图是机件向基本投影面投影所得的图形。在原来 H、V、W 三个基本投影面的基础上,再增加三个基本投影面,构成正六面体,并将机件围在其中。将机件向六个基本投影面投影,即可得到六个基本视图。除三视图中的主、俯、左三个视图外,另外增加后、仰、右三个视图,如图 2-1 所示。

后视图:从后向前投影所得的视图。仰视图:从下向上投影所得的视图。右视图:从右向左投影所得的视图;

各个投影面展开时,规定正立投影面不动,其余各投影面展开到与正立投影面在一个平面上。如图 2-1 所示。

六个基本视图之间仍应保持"长对正、高平齐、宽相等"的投影关系,即:

主、俯、仰、后视图保持长对正的关系;

主、左、右、后视图保持高平齐的关系;

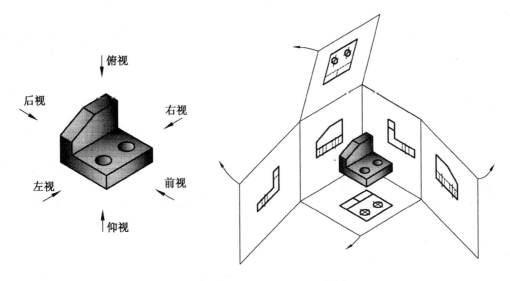

图 2-1 六个基本投影面的形成与展开

左、右、俯、仰视图保持宽相等的关系。

对于左、右、俯、仰视图,靠近主视图的一边代表物体的后面,远离主视图的一边代表物体的前面。

在同一张工程图内,各视图按图 2-2 配置时,一律不标注视图的名称。

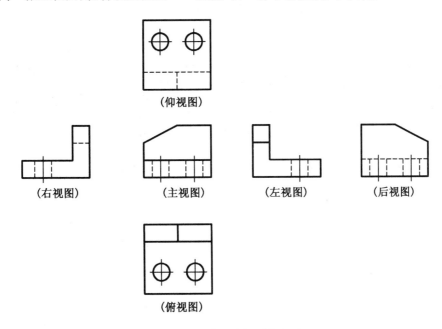

图 2-2 六个基本视图的配置

选用六个基本视图表达机件的基本原则为:最优化的视图组合完整清晰地表达机件各部分。即应根据机件的形状和结构特点,在完整、清晰地表达物体特征的前提下,使视图数量为最少,以力求制图简便。同时注意选用基本视图时一般优先选用主、俯、左三个基本视图。

图 2-3(a)所示零件为支架及其三视图,可以看出零件的左、右两个端面都一起投影在左视图上,因而虚实线重叠,很不清楚。如果再采用一个右视图,便能把零件右边的形状表达清楚,同时在左视图、俯视图和右视图的虚线重复表达,可以省略,如图 2-3(b)所示。显然采用了增加了右视图表达该零件的方案较清晰。

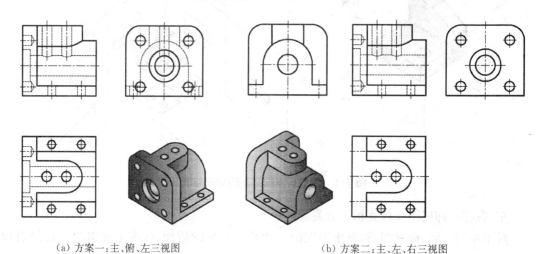

(a)方案一:主、俯、左三视图　　　　　(b)方案二:主、左、右三视图

图 2-3　支架的视图表达

2.1.2　向视图

视图如果不能按图 2-2 所示按投影关系配置时,可自由配置,并将其称为向视图。

向视图必须标注:一方面要在自有配置视图上方标出视图的名称代号"×"(×为大写拉丁字母),另一方面在相应的视图附近用箭头指明投影方向,并在箭头附近注上相同的字母。图 2-4 所示为图 2-1 所示立体未按投影关系配置而形成向视图的情况。

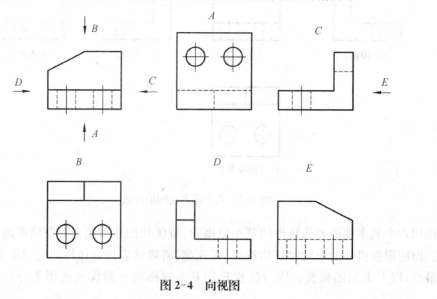

图 2-4　向视图

2.1.3 局部视图

将机件的某一部分向基本投影面投影所得的视图称为局部视图。局部视图一般用来表达采用一套视图后机件上尚未表达清楚和完整的局部结构。

1. 断裂边界

局部视图的断裂边界用细波浪线表示。同时注意两点,第一,当所表示的局部结构是完整的,其外轮廓线又成封闭时,细波浪线可省略不画,如图 2-5 中 C 向视图所示;第二,细波浪线不超过轮廓边界,不画在中空处,如图 2-5 A、B 向视图所示。

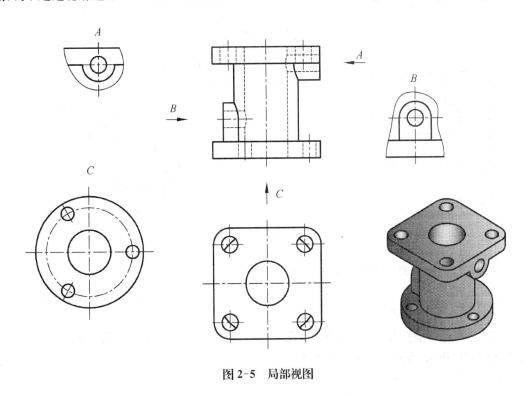

图 2-5 局部视图

2. 标注

局部视图的标注同向视图,一般在局部视图上方标出视图的名称"×"(×为大写拉丁字母),在相应的视图附近用箭头指明投影方向,并注上同样的字母。

需要注意的是当局部视图按投影关系配置,中间又没有其他图形隔开时,可省略标注,如图 2-5 所示 A 向、B 向视图的字母及箭头均可省略;但图 2-5 所示 C 向视图为自由配置,字母及箭头必须标注。

2.1.4 斜视图

当机件上有不平行于基本投影面的倾斜结构时,基本视图无法表达这部分的真实形状,给画图、看图和标注尺寸都带来不便。为了表达该结构的实形,可选用一个与倾斜结构平行的投影面,将这部分向该投影面投影,便得到了倾斜部分的实形。这种将机件向不平行于任何基本投影面的平面投影所得的视图叫斜视图,如图 2-6 所示。

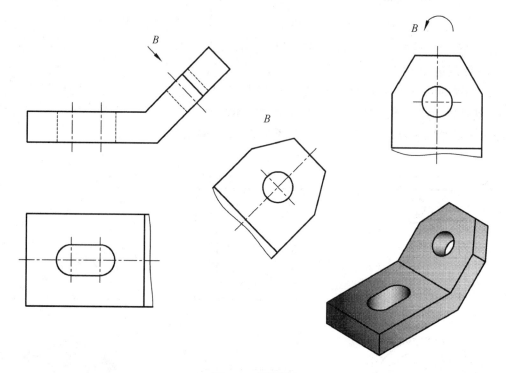

图 2-6　斜视图

画斜视图时应注意以下几点,如图 2-6 所示:

(1) 斜视图要标注。必须在斜视图上方标出视图的名称"×";在相应的视图附近用箭头指明投影方向,并注上同样的字母"×"。

(2) 斜视图一般按投影关系配置,以便于画图和看图,必要时也可配置在其他适当位置。在不致引起误解时,允许将图形旋转,并在该视图上方标注旋转符号(以字高为半径带箭头的半圆弧)箭头表示旋转方向,大写拉丁字母标在旋转符号的箭头端。

(3) 画斜视图时,可将机件不反映实形的部分用波浪线断开而省略不画。同样在相应的基本视图中也可省去倾斜部分的投影。

2.2　剖　视　图

当机件的内部结构形状复杂时,视图上就会出现许多虚线,从而影响了图形的清晰性和层次性,既不利于看图,又不便于标注尺寸,为了清晰地表达机件的内部结构形状,国家标准规定采用剖视图来表达机件的内部结构形状(技术制图:GB/T 17452—1998、机械制图:GB/T 4458.6—2002)。

2.2.1 剖视图的概念

1. 形成

假想用剖切平面剖开机件,将处在观察者与剖切平面之间的部分移去,而将其余部分向投影面投影所得到的图形称为剖视图(简称剖视)。如图2-7所示采用正平面作为剖切平面,在该机件的对称平面处假想将它剖开,移去前面部分,使零件内部的孔、槽等结构显示出来,从而在主视图上得到剖视图。这样原来不可见的内部结构在剖视图上成为可见部分,虚线可以画成粗实线。

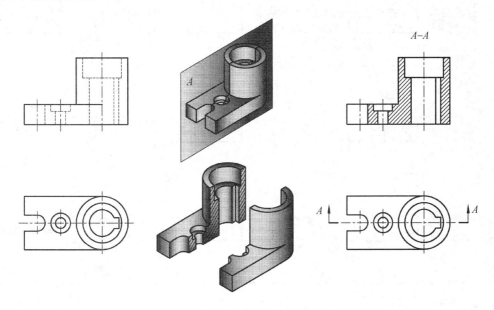

图2-7 剖视图的概念

2. 剖面区域的表示

在剖视图中,剖切到的断面(剖切面与机件接触的部分)称为剖断面。在剖断面上应画上剖面符号,对于各种不同的材料,国家标准规定采用不同的剖面符号。表2-1中规定了各种剖面符号。工程机械中采用最多的材料是金属,它的剖面符号为与水平线成45°或135°的倾斜方向相同、等距离的细实线,通常称为剖面线。但要注意,当图形的主要轮廓线与水平方向成45°时,剖面线应画成与水平线成30°或60°,其倾斜的方向仍与其他图形的剖面线一致,如图2-8所示。另外,剖面线是区分零件的标志之一,同一零件的任何视图上其剖面线应一致,不同零件的剖面线应不一致。

表2-1 常见材料的剖面符号

金属材料/普通砖		线圈绕组元件		混凝土	

续表

非金属材料（除普通砖外）			转子、电枢、变压器和电抗器等的叠钢片		钢筋混凝土	
木材	纵剖面		型砂、填砂、砂轮、陶瓷及硬质合金刀片、粉末冶金		固体材料	
	横剖面		液体		基础周围的泥土	
玻璃及供观察用的其他透明材料			胶合板（不分层数）		格网（筛网、过滤网等）	

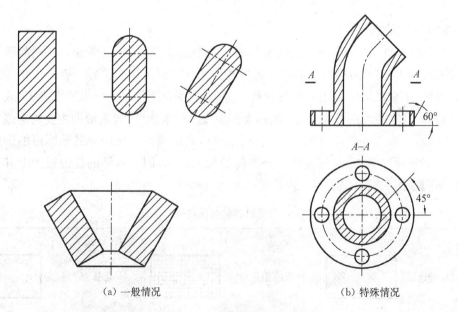

（a）一般情况　　　　　　　（b）特殊情况

图 2-8　剖面线的画法

3. 剖视图的标注

国家标准(技术制图:GB/T 17453—2005)规定用剖切符号表示剖切平面的位置。剖切符号为长约 5~10 mm 的粗实线,线宽为 1~1.5b。剖切符号画在剖切位置的迹线处,尽可能不与轮廓线相交,在剖切符号的起止和转折处应用相同的字母标出,如图 2-7 所示。剖视图的标注规定如下:

(1) 一般应在剖视图的上方用拉丁字母标出剖视图的名称"×—×"。在相应的视图上用剖切符号表示剖切平面的位置,其两端用箭头表示投影方向,并注上同样的字母,如图 2-7 中的 A-A 剖视。

(2) 当剖视图按投影关系配置,中间又没有其他图形隔开时,可省略箭头。如图 2-7 中的 A-A 剖视可省略俯视图中的箭头。

(3) 当剖切平面通过零件的对称平面或基本对称的平面时,且剖视图按投影关系配置,中间又没有其他图形隔开时,可省略一切标注。如图 2-7 中的 A-A 剖视可省略所有标注。

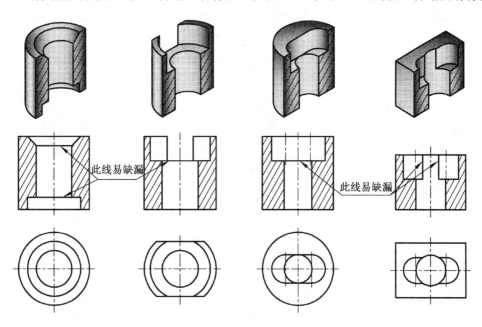

图 2-9　剖视图中容易缺漏的图线

4. 注意事项

画剖视图时应注意以下几点:

(1) 因为剖切是假想的,其实机件并没有被剖开,所以除剖视图外,其余的视图应画成完整的图形,并且可继续取剖视,如图 2-10 所示的俯视图。

(2) 为了剖视图上不出现多余的截交线,选择的剖切平面应通过机件的对称平面或回转中心线。

(3) 剖视图中一般不画虚线,但当画少量的虚线可以减少某个视图,而又不影响剖视图的清晰时,也可以画这种虚线,如图 2-10 所示主视图中的虚线。

(4) 在剖视图中,剖切平面后面的可见轮廓线一定要画出,不能遗漏,如图 2-9 所示。

2.2.2　剖视图的种类

1. 全剖视图

用剖切平面完全地剖开机件所得的剖视图称为全剖视图。

全剖视图适用于内部结构形状比较复杂且不对称的机件,或外形简单的回转体机件。如图 2-10 所示壳体,假想用一个剖切平面沿着其前、后对称面将它完全剖开,移去前半部分,将其余部分向正面进行投影,便得到全剖的主视图,这时主视图中的虚线不可以省略,否则需增加一个局部向视图,同时,按照前面的分析其标注完全可省略。俯视图则是沿着 A-A 平面进行了全剖,按照前面的分析其标注不可省略。

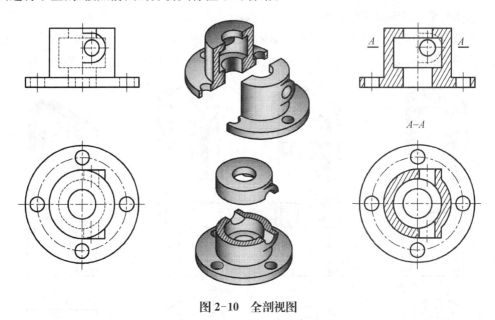

图 2-10　全剖视图

2. 半剖视图

当机件具有对称平面时,对于机件在垂直于对称平面的投影面上的投影所得的图形,可以对称中心线为界,一半画成剖视,另一半画成视图,这种剖视图称为半剖视图。

半剖视图适用于具有对称平面且内外结构均需要表达的机件,当机件的形状接近于对称,且不对称的部分已另有图形表达清楚时,也可以画成半剖视图。

画半剖视图时应注意以下几点:

(1)半剖视图是由半个外形视图和半个剖视图组成的,而不是假想将机件剖去 1/4,因而视图与剖视之间的分界线是点画线而不是粗实线,如图 2-11 所示。

(2)由于半剖视图的对称性,在表达外形的视图中的虚线应省略不画。

(3)半剖视图的标注方法与全剖视图相同。

3. 局部剖视图

用剖切平面局部地剖开机件,所得的剖视图称为局部剖视图。在局部剖视图上,视图和剖视部分用细波浪线分界。细波浪线可认为是断裂面的投影,因此细波浪线不能画在中空处,不能超出视图轮廓之外,也不应和图形上的其他图线重合。

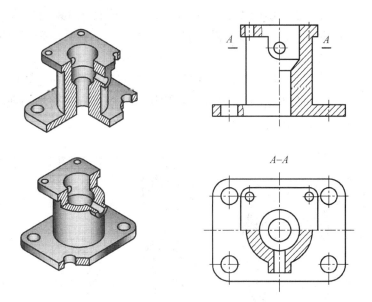

图 2-11　半剖视图

图 2-12 为一轴承座,从主视图方向看,零件下部的外形较简单,可以剖开以表示其内腔,但上部必须表达圆形凸缘及三个孔的分布情况,故不宜采用全剖视;左视图则相反,上部宜剖开以表示其内部不同直径的孔,而下部则要表达零件左端的凸台外形;因而在主、左视图上均根据需要而画成相应的局部剖视图。在两个视图上尚未表达清楚的长圆形孔等结构及右边的凸耳,可采用 B 向局部视图和 A-A 局部剖视图表示。

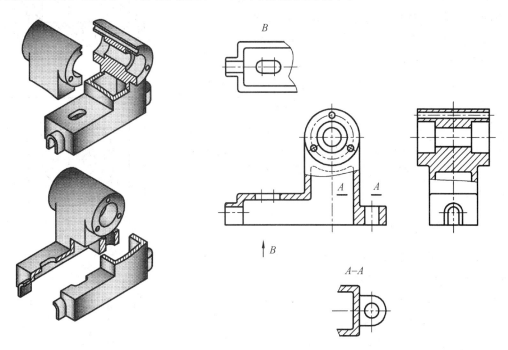

图 2-12　用局部剖视图表达轴承座

局部剖视图是一种比较灵活的表达方法,在下列几种情况下宜采用局部剖视图:

(1) 机件只有局部的内部结构形状需要表达,而不必或不宜采用全剖视图时,可用局部剖视图表达,如图2-13(a)、(c)所示。

(2) 机件内、外结形状均需表达而又不对称时,可用局部剖视图表达,如图2-12所示。

(3) 机件虽然是对称的,但由于轮廓线与对称线重合而不宜采用半剖视图时,可用局部剖视图表达,如图2-13(a)、(b)、(c)所示。

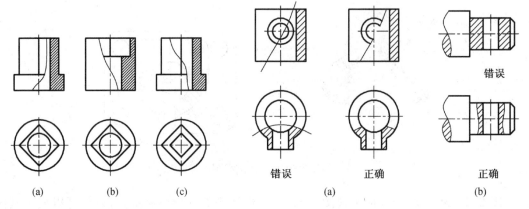

图2-13 局部剖视图　　　　图2-14 局部剖视图的正确画法与错误画法对比

画局部剖视图时应注意以下几点:

① 区分视图与剖视图部分的波浪线,应画在机件的实体上,不应超出图形轮廓线之外,也不画入孔槽之内,而且不能与图形上的轮廓线重合,如图2-14所示。

② 当被剖切的局部结构为回转体时,允许将该结构的轴线作为剖视与视图的分界线。

③ 局部剖视图的标注方法与全剖视图相同,对于剖切位置明显的局部剖视图,一般可省略标注。

剖中剖的情况,即在剖视图中再作一次简单剖视图的情况,可用局部剖视图来表达,这时,两个剖断面的剖面线应同方向、同间隔,但要互相错开,并用引出线标注其名称,如图2-15所示。

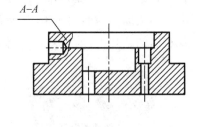

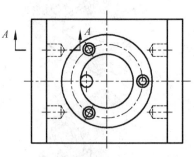

图2-15 剖中剖

2.2.3 剖切方法

物体的结构形状不同,为表达其形状所采用的剖切面、剖切方法也不一样。剖切的方法有单一剖切平面、几个相交的剖切面(交线垂直于某一投影面)、几个平行的剖切平面、组合剖切等,现分述如下:

1. 用单一剖切平面剖切

(1) 剖切平面平行于基本投影面

此类方法为最常见剖切方法,本节前面的举例内容均采用此种方法。如图2-7至图2-15。

（2）剖切平面不平行于任何基本投影面

图 2-16 所示机件的上部具有倾斜结构，只有采用垂直于倾斜结构中心线的剖切平面进行剖切，才能反映该部分断面的实形（图 2-16 中的 A-A）。这种用不平行于任何基本投影面的剖切平面剖开机件的方法称为斜剖。与斜视图相类似，采用这种方法画剖视图时，一般应按投影关系配置在与剖切符号相对应的位置，必要时也允许将它配置在其他适当位置；在不致引起误解时，也允许将图形旋转，其标注形式如图 2-16 中"A-A"。斜剖必须标注。

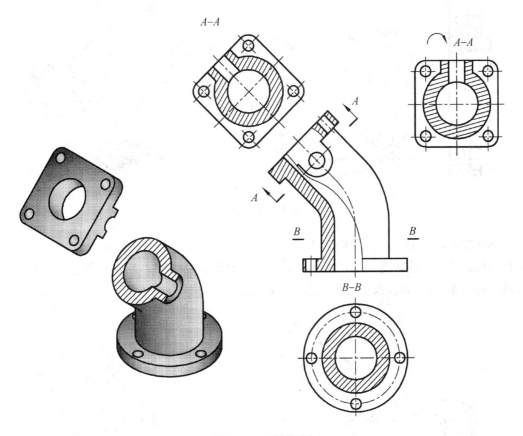

图 2-16　斜剖视图

2. 用几个相交平面剖切

用几个相交的剖切平面（交线垂直于某一投影面）剖开零件的方法称为旋转剖。旋转剖要求剖切获得的所有剖视图应先旋转到同一个投影面上再画图。

旋转剖必须进行标注。在剖视图的上方，用拉丁字母标出剖视图的名称"×—×"。在相应的视图上，在剖切平面的起、止和转折处应画出剖切符号，并用相同的字母标出；但当转折处位置有限又不致引起误解时，允许省略字母，必须注意，在起、迄两端画出的箭头是表示投影方向的，与旋转剖的旋转方向无关。

图 2-17 为一端盖，若采用单一剖切平面，则零件上四个均匀分布的阶梯小孔没剖切到。此时可假想再作一个与上述剖切平面相交于零件轴线的倾斜剖切平面来剖切其中的一个小

孔。为了使被剖切到的倾斜结构在剖视图上反映实形,可将倾斜剖切平面剖开的结构及其有关部分旋转到与选定的投影面平行后再进行投影,这样就可以在同一剖视图上表达出两个相交剖切平面所剖切到的结构。

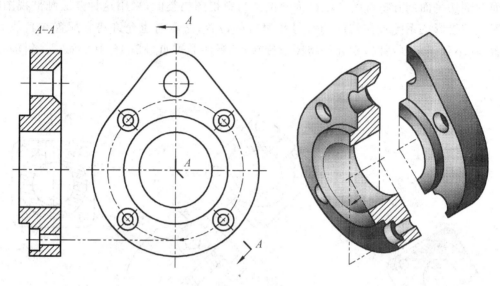

图 2-17　旋转剖(一)

旋转剖不仅适用于盘盖类零件,在其他形状的零件中亦可采用,如图 2-18 所示的摇杆的俯视图亦采用了旋转剖。此零件上的肋按国家标准规定,如剖切平面按肋的纵向剖切,则在肋的部分不画剖面线,而用粗实线将它与其邻接部分分开。

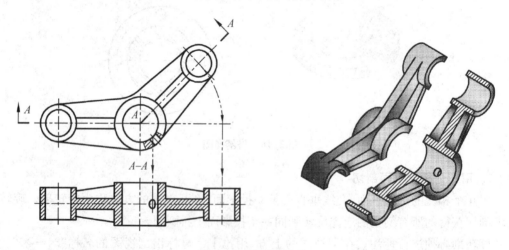

图 2-18　旋转剖(二)

采用旋转剖时,在剖切平面后的其他结构一般仍按原来位置投影,如图 2-18 中的油孔在俯视图上的投影。

当剖切机件后机件上产生不完整的要素时,应将此部分按不剖绘制,如图 2-19 所示机件的臂,仍按未剖时的投影画出。

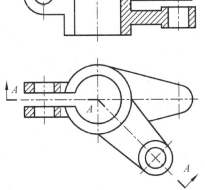
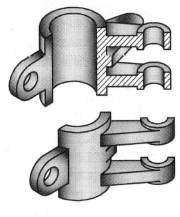

图 2-19　旋转剖(三)

3. 用几个平行的平面剖切

用几个互相平行的剖切平面剖开零件的方法称为阶梯剖。阶梯剖必须进行标注,要求同旋转剖。

图 2-20 为一下模座,若采用一个与对称平面重合的剖切平面进行剖切,左边的两个孔将剖不到。可假想通过左边孔的轴线再作一个与上述剖切平面平行的剖切平面,这样可以在同一个剖视图上表达出两个平行剖切平面所剖切到的结构。

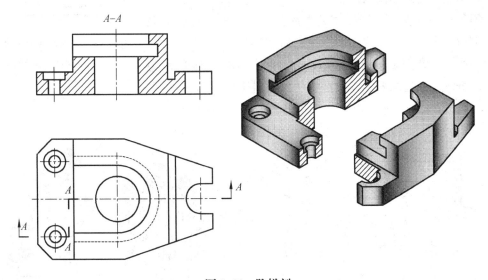

图 2-20　阶梯剖

采用阶梯剖时必须注意以下几点:

(1) 阶梯剖虽然是采用两个或多个互相平行的剖切平面剖开零件,但画图时不应画出剖切平面的分界线,如图 2-21(a)的画法是错误的。

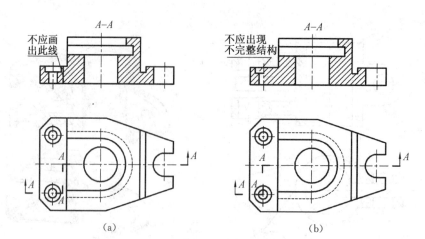

图 2-21　采用阶梯剖时的两种错误画法

（2）剖切平面的转折处不应与视图中的粗实线或虚线重合。

（3）采用阶梯剖时，在图形内不应出现不完整的要素。如图 2-21(b)所示，由于一个剖切平面只剖到半个左边孔，因此，在剖视图上就出现不完整孔的投影，这种画法是错误的。只有当两个要素在图形上具有公共对称中心线或轴线时，国家标准规定可以各画一半，此时应以对称中心线或轴线为界，如图 2-22 所示。

4. 用组合的平面剖切

用各种平面组合剖开机件的方法称为复合剖。复合剖采用的剖切平面可以平行或倾斜于投影面，但都同时垂直于另一个投影面。组合剖必须标注，方式同旋转剖。图 2-23 所示为组合剖举例。当连续两个以上剖切平面倾斜于投影面时，可采用展开画法，标注时应标出"×—×展开"，如图 2-24 所示。

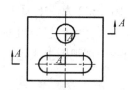

图 2-22　两个要素具有公共对称中心线时的阶梯剖

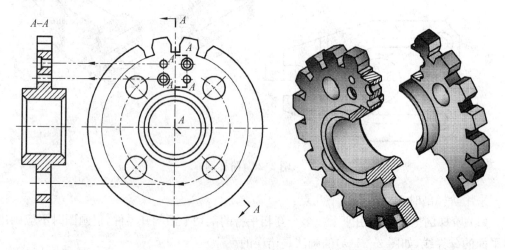

图 2-23　复合剖

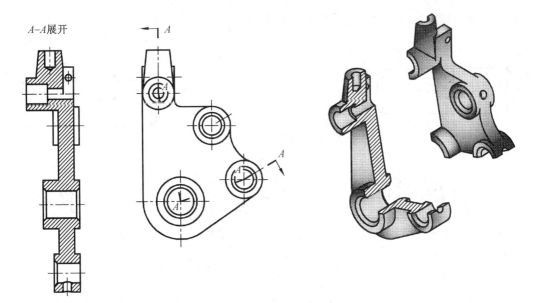

图 2-24 复合剖(展开)

5. 用圆柱面剖切

有时可以采用圆柱面剖切机件,剖视图应按展开画法绘制,如图 2-25 所示。

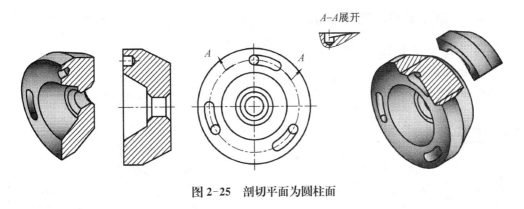

图 2-25 剖切平面为圆柱面

2.3 断 面 图

2.3.1 断面图的基本概念

按国家标准(技术制图 图样画法 剖视图和断面图 GB/T 17452—1998、机械制图 图样画法 剖视图和断面图 GB/T 4458.6—2002)规定,如图2-26所示的轴,右端有一键槽,在主视图上能表示它的形状和位置,但不能表示其深度。此时,可假想用一个垂直于轴线的剖切平面,在键槽处将轴剖开,然后,画出剖切处断面的图形,并加上剖面符号。这种假想用剖切平面将零件的某处切断,仅画出断面的图形称为断面图,简称断面。从这个断面上,可清楚地表达出键槽的深度。

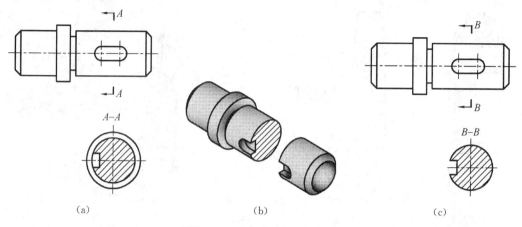

(a)　　　　　　　　　　　　(b)　　　　　　　　　　　(c)

图 2-26　剖视与断面的区别

　　断面图与剖视图的区别在于:断面图是零件上剖切处断面的投影,如图 2-26(c)中的 *B-B* 即为断面图;而剖视图则是剖切后零件的投影,如图 2-26(a)中的 *A-A* 即为剖视图。断面图用于表达机件某处断面形状,如轴上的键槽和孔,肋板和轮辐等,在这些情况下,用断面图较剖视图能使图形简单明了。

2.3.2　断面图的种类和标注

断面图分为移出断面图和重合断面图两种。

1. 移出断面图

画在视图外的断面图称为移出断面图。移出断面图的轮廓线用粗实线绘制。

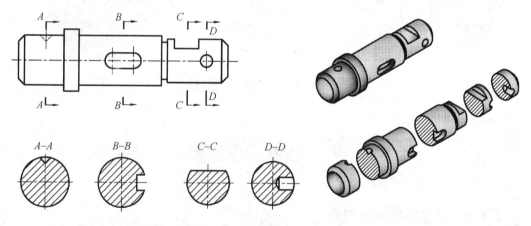

图 2-27　移出断面图(一)

　　为了便于看图,国家标准对断面图的画法作了如下规定:

　　(1) 移出断面图应尽量配置在剖切位置的延长线上,如图 2-27 中 *A-A*、*B-B* 所示。也可画在其他位置,如图 2-27 中 *C-C*、*D-D* 所示。在不致引起误解时,允许将图形旋转,但应注明旋转符号,如图 2-28 中 *A-A* 所示。

（2）画断面图时，一般只画断面的形状，但当剖切平面通过由回转面形成的孔或凹坑的轴线时，这些结构按剖视图绘制，如图2-27中 *A-A*、*D-D* 所示。当剖切平面通过非圆孔时，会导致出现完全分离的两个断面图，这些结构也应按剖视图绘制，如图2-28中 *A-A* 所示。这里必须指出："按剖视图绘制"指被剖切的结构，并不包括后方可见结构的投影。

（3）为了表达断面图的实形，剖切平面一般与被剖切部分的主要轮廓线垂直，对图2-29所示的机件，可用两个相交平面来剖切，此时，两断面图应断开画出。

（4）当断面图形对称时，也可画在视图的中断处，如图2-30所示。

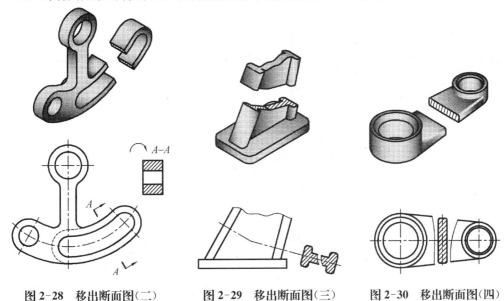

图 2-28　移出断面图（二）　　图 2-29　移出断面图（三）　　图 2-30　移出断面图（四）

2. 重合断面

画在视图内的断面称为重合断面图，重合断面的轮廓线用细实线绘制。当视图中的轮廓线与断面图的轮廓线重合时，仍应将视图中的轮廓线完整画出，不可间断。重合断面图适用于断面形状简单，且不影响图形清晰的场合。如图2-31和图2-32所示。

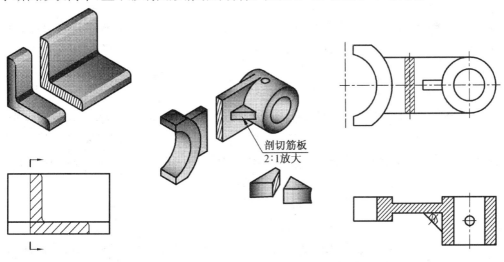

图 2-31　重合断面（一）　　　　　　图 2-32　重合断面（二）

3. 断面图的标注

为便于看图,断面图一般要用剖切符号表示剖切位置,用箭头指明投影方向,并注上字母。在断面图的上方用同样的字母标出相应的名称"×—×",如图 2-27 所示。

以下情况,标注可简化或省略:

(1) 省略字母。配置在剖切符号延长线上的不对称移出断面图,如图 2-27 中 B-B 所示。图形不对称的重合断面图,如图 2-31 所示。

(2) 省略箭头。断面为对称图形时,如图 2-27 中 A-A、C-C 所示,可以省略表示投影方向的箭头。

(3) 标注全部省略,即同时满足上述两条。如图 2-29 所示的移出断面图和如图 2-30 所示的配置在视图中断处的移出断面图,图 2-32 所示的重合断面图均可省略全部标注。

图 2-27 省略标注后如图 2-33 所示。

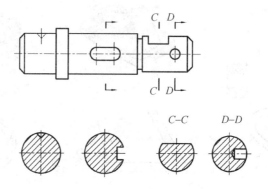

图 2-33 移出断面图(省略标注)

2.4 其他表达方法

按照国家标准(技术制图:GB/T 16675.1—1996 等)相关规定,在表达机件时还有局部放大图、规定画法、简化画法等方式。

2.4.1 局部放大图

零件上的一些细小结构,在视图上常由于图形过小而表达不清,或标注尺寸有困难,这时可将细小部分的图形放大。如图 2-34 所示轴上的退刀槽和挡圈槽以及图 2-35 所示机件端面锥孔。将零件的部分结构用大于原图形所采用的比例放大画出的图形称为局部放大图。

局部放大图可画成视图、剖视图、断面图,它与被放大部分的表达方式无关(图2-34 $Ⅱ$)。局部放大图应尽量配置在被放大部位的附近。

绘制局部放大图时,一般应用细实线圈出被放大的部位。当同一零件上有几个被放大的部位时,必须用罗马数字依次表明被放大的部位,并在局部放大图上方标注出相应的罗马数字和所采用的比例(图 2-34)。当零件上被放大的部分仅一个时,在局部放大图的上方只须注明所采用的比例(图 2-45(a))。

这里特别要注意,局部放大图上标注的比例是该图形与零件实际大小之比,而不是与原图形之比。

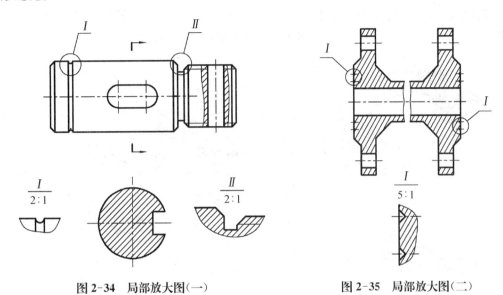

图 2-34　局部放大图(一)　　　　图 2-35　局部放大图(二)

2.4.2　规定画法

1. 肋、轮辐及薄壁的规定画法

对于零件上的肋、轮辐及薄壁等,如按纵向剖切,即剖切平面通过这些结构的基本轴线或对称平面时,这些结构都不画剖面符号,而用粗实线将它与其邻接部分分开。如图 2-36 所示。

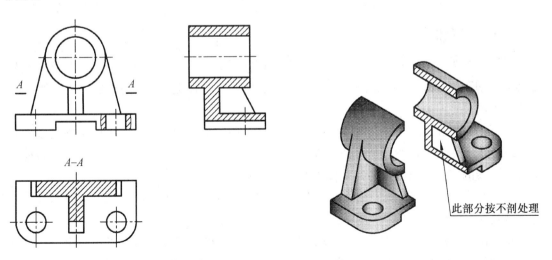

此部分按不剖处理

图 2-36　肋、轮辐及薄壁的规定画法

2. 与投影面倾斜角度小于或等于 30°的圆或圆弧

其投影可用圆或圆弧代替椭圆,俯视图上各圆的中心位置按投影来确定。如图 2-37 所示。

3. 剖切平面前的结构

在需要表示位于剖切平面前的结构时,这些结构按假想投影的轮廓线(即用双点画线) 绘制,如图 2-38 所示零件前面的长圆形槽在 A-A 剖视图上的画法。

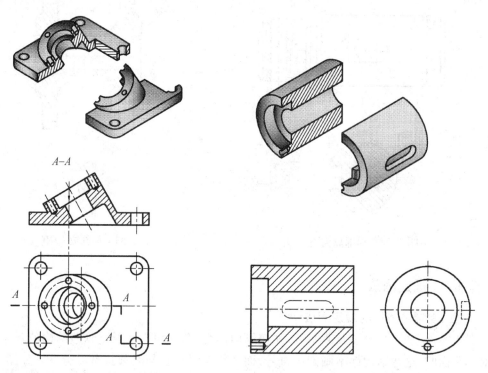

图 2-37　倾斜的圆或圆弧的简化画法　　　　图 2-38　剖切平面前结构的规定画法

2.4.3　简化画法

(1) 当零件回转体上均匀分布的肋、轮辐、孔等结构不处于剖切平面上时,可将这些结构旋转到剖切平面上画出,如图 2-39 主视图所示右侧肋与左侧孔(中心线代表位置),图 2-40 主视图上的孔。

(2) 在不致引起误解时,对于对称零件的视图可只画一半(图 2-40(b))或略大于一半 (图 2-40(a))甚至 1/4(视图所示两个方向均对称,图 2-40(c))。当只画出半个视图时,应在对称中心线的两端画出两条与其垂直的平行细实线。

(3) 当零件具有若干相同结构,并按一定规律分布时,只需画出几个完整的结构,其余用细实线连接(图 2-41),在零件图中则必须注明该结构的总数。

(4) 若干直径相同、且成规律分布的孔(如圆孔、螺纹孔、沉孔等),可以仅画出一个或几个,其余只需用点画线表示其中心线位置,在零件图中应注明孔的总数(图 2-42)。

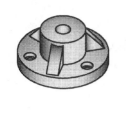

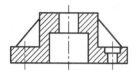

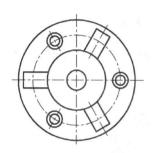

图 2-39　均匀分布的肋与
孔等的简化画法

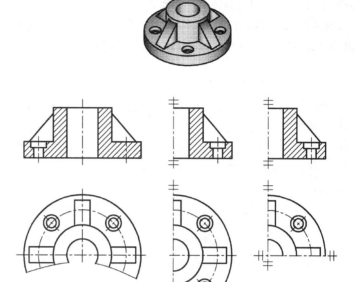

(a)　　　　　　　(b)　　　　　　　(c)

图 2-40　对称结构的简化画法

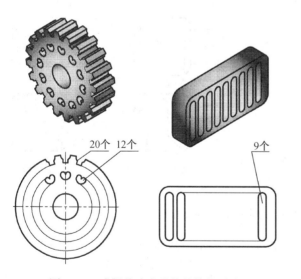

图 2-41　成规律分布结构的简化画法

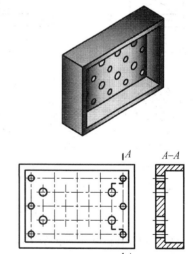

图 2-42　成规律分布孔的简化画法

（5）当图形不能充分表达平面时，可用平面符号（相交的两条细实线）表示。如图 2-45
(a)为一轴端，分析其形体为圆柱体被平面切割，由于不能在这一视图上明确地看清它是一个
平面，所以需加上平面符号。如其他视图已经把这个平面表示清楚，则平面符号可以省略。

（6）零件上的滚花部分，可以只在轮廓线附近用细实线示意画出一小部分，并在零件图上或技术要求中注明其具体要求(图 2-43)。

(7) 较长的零件,如轴、杆、型材、连杆等,且沿长度方向的形状一致(图 2-44(a))或按一定规律变化(图 2-44(b))时,可以断开后缩短绘制。

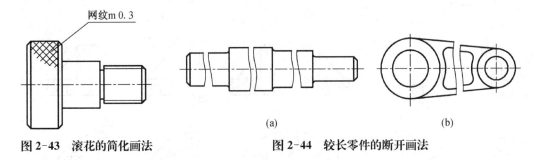

图 2-43 滚花的简化画法   图 2-44 较长零件的断开画法

(8) 类似图 2-45(a)、(b)所示零件上较小的结构,如在一个图形中已表示清楚时,则在其他图形中可以简化或省略,即不必按投影画出所有的线条。

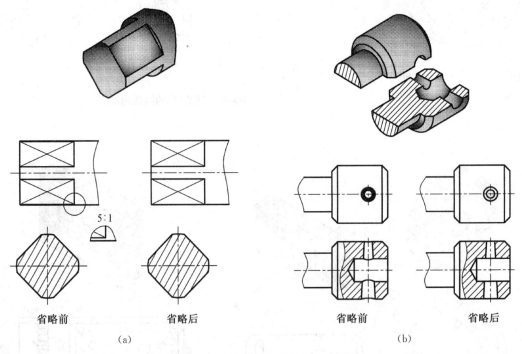

省略前   省略后   省略前   省略后

(a)   (b)

图 2-45 较小结构的简化或省略画法

(9) 零件上斜度不大的结构,如在一个图形中已表示清楚时,其他图形可以只按小端画出(图 2-46)。

(10) 在不致引起误解时,零件图中的小圆角、锐边的小倒圆或 45°小倒角允许省略不画,但必须注明尺寸或在技术要求中加以说明(图 2-47)。

(11) 圆柱形法兰和类似零件上均匀分布的孔可按图 2-48 所示的方法表示。

(12) 图形中的过渡线与相贯线在不致引起误解时,允许简化,例如,用圆弧或直线来代替非圆曲线(图 2-49 和 2-45(b))。

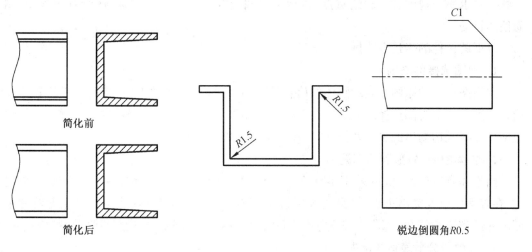

简化前

简化后

图 2-46 斜度不大结构的简化

锐边倒圆角*R*0.5

图 2-47 小圆角及小倒角等的省略画法

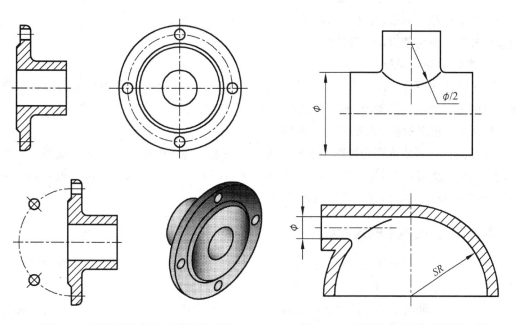

图 2-48 圆柱形法兰上均布孔的画法

图 2-49 过渡线（相贯线）的简化画法

2.5 表达方法综合分析

　　在绘制机械图样时,应根据机件的形状和结构特点,灵活选用各种表达方法。对于同一机件,可以有多种表达方案,应加以比较,择优选取最佳表达方案。

2.5.1 机件表达的原则和方法

　　选择表达方案应遵循的基本原则是:用较少的视图,完整、清晰地表达机件的内外结构形状。要求每一视图有一表达重点,各视图之间应互相补充而不重复,达到看图容易,制图简便的目的。

以下就机件的表达方法做一些探讨:

1. 视图选择的原则

主视图选择的原则为表示物体的信息量最多,尽量与物体的工作位置、加工位置或安装位置一致。其他视图选择的原则为在明确表示物体的前提下,使视图的数量为最少,尽量避免使用虚线表达物体的轮廓及棱线,避免不必要的细节重复。

2. 物体的内、外形表达问题

当物体有对称面时,可采用半剖视。当物体无对称面且内外结构一个简单、一个复杂时,在表达中就要突出重点,外形复杂以视图为主,内形复杂以剖视为主。对于无对称平面而内外形都比较复杂的物体,当投影不重叠时,可采用局部剖视,当投影重叠时,可分别表达。

3. 集中与分散表达的问题

当分散表达的图形(如局部视图、斜视图、局部剖视图等)处于同一个方向时,可以将其适当地集中或结合起来,并优先选用基本视图。若在一个方向只有一部分结构未表达清楚,则采用分散图形可使表达更为简便。

4. 虚线的使用问题

为了便于读图和标注尺寸,一般不用虚线表达。当在一个视图上画少量的虚线不会造成看图困难和影响视图清晰,而且可以省略另一个视图时,才用虚线表达。

5. 视图(包括剖视、断面)的标注省略问题

标注的目的是使读图和投影关系的分析更为清楚。视图的标注是以基本视图及基本视图的基本配置为参照的,凡与此不相符者,则均需进行标注;凡与其相符者,则可省略。尺寸也是物体表达的一部分,它与图形一起共同实现对物体的形和量的描述。

2.5.2 剖视图中的尺寸标注

在组合体中关于视图上的尺寸标注的基本方法同样适用于剖视图。但在剖视图上标注尺寸时,还应注意以下几点:

(1) 在同一轴线上的圆柱和圆锥的直径尺寸,一般应尽量标注在剖视图上,避免标注在投影为同心圆的视图上。如图 2-50 中主视图上表示直径尺寸。但在特殊情况下,当在剖视图上标注直径尺寸有困难时,可以注在投影为圆的视图上。如图 2-51 中泵体的内腔是具有偏心距为 2.5 mm 的圆柱面,为了明确表达内腔与外圆柱的轴线位置,其直径尺寸ϕ98、ϕ120、ϕ130 等应标注在主视图上。

(2) 当采用半剖视图后,有些尺寸不能完整地标注出来,则尺寸线应略超过或对称中心线,此时仅在尺寸线的一端画出箭头。如图 2-50 中的直径ϕ45、ϕ32、ϕ20 和图 2-51 主视图上的直径ϕ120、ϕ130、ϕ116 等。

(3) 在剖视图上标注尺寸,应尽量把外形尺寸和内部结构尺寸分开在视图的两侧标注,这样既清晰又便于看图。如图 2-50 中表示外部的长度 60、15、16 注在视图的下部,内孔的长度 5、38 注在上部。又如图 2-51 的左视图上,将外形尺寸 90、48、19 和内形尺寸 52、24

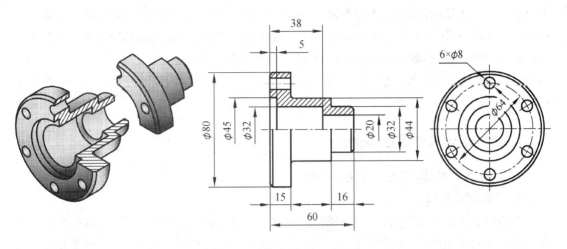

图 2-50　剖视图中的尺寸标注

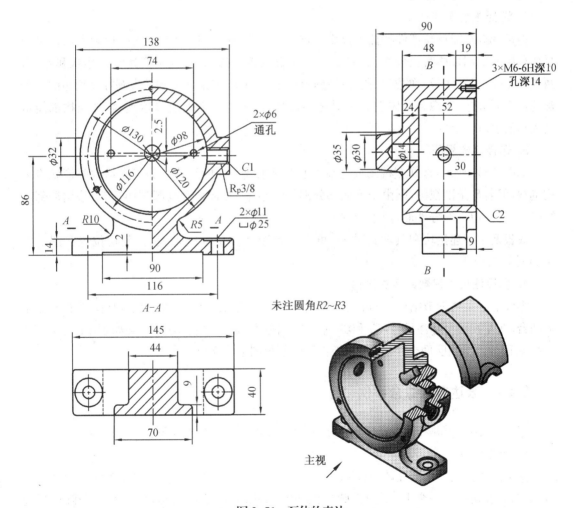

未注圆角R2~R3

图 2-51　泵体的表达

分开标注。为了使图形清晰、查阅方便,一般应尽量将尺寸注在视图外。但如果将泵体左视图(图2-51)的内形尺寸52、24引到视图的下面,则尺寸界线引得过长,且穿过下部不剖部分的图形,这样反而不清晰,因此这时可考虑将尺寸注在图形中间。

(4) 如必须在剖面线中注写尺寸数字时,则在数字处应将剖面线断开,如图2-51左视图中的孔深24。

2.5.3 表达方法综合举例(一)

图2-51为一泵体,其表达方法分析如下:

1. 分析零件形状

泵体的上面部分主要由直径不同的两个圆柱体、向上偏心的圆柱内腔、左右两个凸台以及背后的锥台等组成;下面部分是一个长方形底板,底板上有两个安装孔;中间部分为连接块,它将上下两个部分连接起来。

2. 选择主视图

通常选择最能反映零件特征的投影方向(图2-51箭头)作为主视图的投影方向。由于泵体最前面的圆柱体直径最大,它遮盖了后面直径较小的圆柱,为了表达它的形状和左、右两端的螺孔,以及底板上的安装孔,主视图上应采用剖视;但泵体前端的大圆柱及均布的3个螺孔也需要表达,考虑到泵体左右是对称的,因而选用了半剖视图以达到内、外结构都能得到表达的要求。

3. 选择其他视图

如图2-51所示,选择左视图表达泵体上部沿轴线方向的结构。为了表达内腔形状应采用剖视,但若作全剖视图,则由于下面部分都是实心体,没有必要全部剖切,应而采用局部剖视,这样可保留一部分外形,便于看图。

底板及中间连接块和其两边的肋,可在俯视图上作全剖视来表达,剖切位置在图上的A-A处较为合适。

4. 用标注尺寸来帮助表达形体

零件上的某些细节结构,还可以利用所标注的尺寸来帮助表达,例如:泵体后面的圆锥形凸台,在左视图上标注尺寸ϕ35和ϕ30后,在主视图上就不必再画虚线;又如主视图上尺寸2×ϕ6后面加上"通孔"两个字后,就不必再另画剖视图去表达该两孔了。

2.5.4 表达方法综合举例(二)

图2-52、图2-53和图2-54所示为一支架,其表达方法分析如下:

1. 形体分析

支架的主体是一个圆柱体,它的前后两侧都有圆柱形凸缘;沿着圆柱体轴线从前往后的方向,前方被切割了一个上、下壁为圆柱面而左、右壁为侧平面的槽,后方有一个圆柱形通孔;圆柱体的顶部有一个圆柱凸台;支架的底板有一长方形通槽,底板的左、右两侧有带沉孔的圆柱形通孔;主体圆柱与底板之间由截面为十字形的支承板连接,十字形支承板左、右两侧面与主体圆柱面相切,前、后两侧面为正平面,且与主体圆柱相交。经过这样的分析便可知道支架各个组成部分的形状以及它们之间的相对位置。

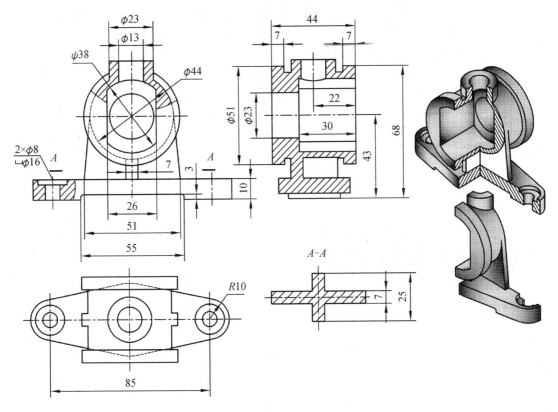

图 2-52 支架的表达方案 A

2. 表达方案的确定与比较

(1) 方案 A(图 2-52):选择图 2-52 所示的投影方向和放置位置后,确定主视图。分析主视图可知,需要表达的内部结构有上部的圆柱凸台和底板上的圆柱孔,因此,主视图虽然为对称图形,但可采用局部剖视以表达局部内部结构;主视图采用局部剖视后,还需用较少的虚线表示出主体圆柱与十字形支承板的连接关系。左视图由于上下、前后不对称,外形比较简单,所以采用全剖视图,使主体内腔各个层次得以展现清楚。由于内部形状在主、左视图中已表达清楚,俯视图可只画外形,但为了完整地表达底板的形状,应画出它在俯视图中的虚线投影。为了更清楚地显示支承板的结构,添加了"A-A"移出剖面。这样,由图 2-53 所示图形就可比较清晰地表达出支架的结构形状。

(2) 方案 B(图 2-53):方案 B 与方案 A 不同之处,只是俯视图直接采取了用水平面剖切后的"A-A"剖视图,就不需另画移出剖面,但圆柱凸台的外形却不能在俯视中表达了,因此,左视图则保留一小部分外形而画成局部剖视图,由相贯线来表达凸台的形状。

(3) 方案 C(图 2-54):主视图采用了半剖视图,俯视图采用了全剖视图,左视图采用了局部剖视图。

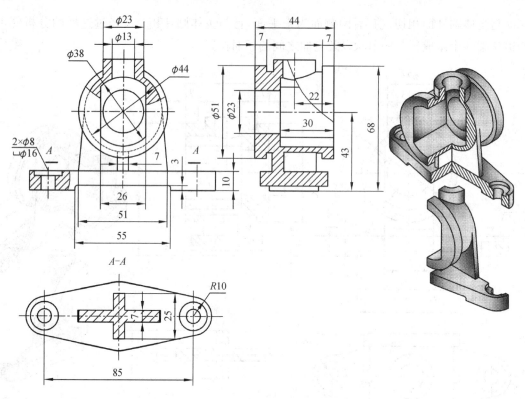

图 2-53　支架的表达方案 B

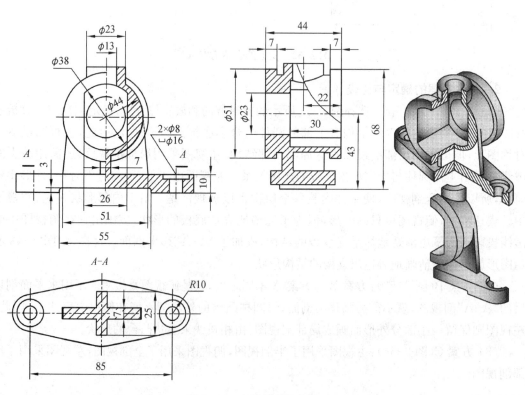

图 2-54　支架的表达方案 C

2.6　第三角投影简介

用正投影法绘制工程图样时,有第一角投影法(又称"第一角画法")和第三角投影法(又称"第三角画法")。且国际标准与国家标准(GB/T 14692—2008)规定,第一角画法和第三角画法等效使用。中国、英国、德国和俄罗斯等国家采用第一角投影,美国、日本、新加坡等国家及中国香港和中国台湾企业采用第三角投影。两类投影方法在表达工程形体时最本质的差别为投影原理的不同,其表达方法及思路实为一致的。此处仅对第三角投影作一简介。

2.6.1　第三角投影原理

如图 2-55 所示,三个相互垂直的投影面,将空间分成八个分角。第一角画法是将物体置于第一角内,使其处于观察者与投影面之间而得到的多面投影。而第三角画法是将物体置于第三角内,并使投影面处于观察者与物体之间(假想投影面是透明的)而得到的多面正投影。

2.6.2　第三角投影的形成与展开

采用第三角画法时,将物体置于第三分角内,投影面处在观察者和物体之间,按投影法规定的六个基本投射方向进行投射,得到六个基本视图。要注意的是,对于第三角画法,投影面展开时,V 面保持不动,其他五个投影面按图 2-56 所示展开。

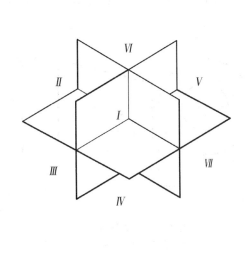

图 2-55　投影体系

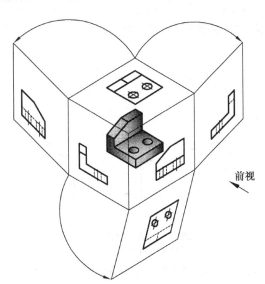

前视

图 2-56　第三角投影六个基本投影面的形成与展开

2.6.3　第三角视图的投影关系

第一角画法和第三角画法的六个基本视图名称相同,但六个基本视图的配置不同。对于第三角画法,视图按图 2-57 配置时为按投影关系配置,一律不标注视图名称。其他配置形式按向视图要求标注。

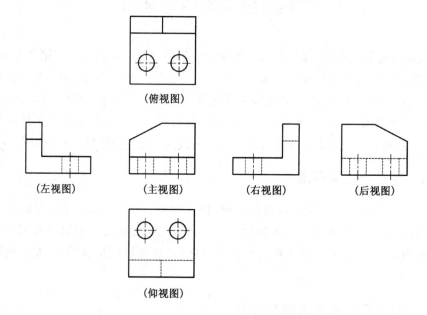

（俯视图）

（左视图）　（主视图）　（右视图）　（后视图）

（仰视图）

图 2-57　第三角画法六个基本视图的配置

2.6.4　第三角投影与第一角投影的识别

为了区别第一角画法与第三角画法,在图样中一般应画出第一角画法与第三角画法的识别符号,两种识别符号如图 2-58 所示。

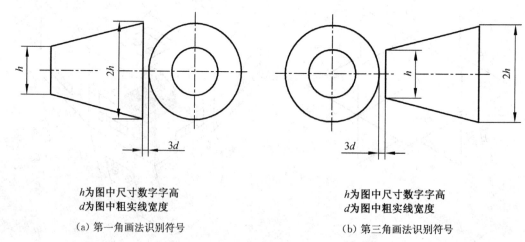

h 为图中尺寸数字字高
d 为图中粗实线宽度

（a）第一角画法识别符号

h 为图中尺寸数字字高
d 为图中粗实线宽度

（b）第三角画法识别符号

图 2-58　两种画法识别符号

第3章
标准件与常用件

标准件与常用件在机械连接、传动、支承等方面应用广泛。其中,常见的标准件如螺纹紧固件(螺栓、螺柱、螺钉、螺母、垫圈)、键和销等经常用于机械连接,滚动轴承用于支承。常见的常用件如齿轮、齿条、蜗轮和蜗杆等是主要的机械传动件,弹簧在减振、夹紧等机构中常见。

3.1　螺　纹

螺纹是零件上常用的一种结构,在机器或部件装配中大量用到螺纹结构来紧固、连接,同时也可通过螺纹结构来进行传动。

3.1.1　螺纹的形成与加工

1. 螺纹的形成

螺纹可以认为是由平面图形(三角形、梯形、锯齿形等)在圆柱(或圆锥)表面上绕着和它共面的轴线作螺旋运动所形成的轨迹。在圆柱面上形成的螺纹为圆柱螺纹,在圆锥面上形成的螺纹为圆锥螺纹。在零件外表面加工的螺纹称外螺纹,在零件孔腔内加工的螺纹称内螺纹。螺纹的形成如图 3-1 所示。

2. 螺纹的加工方法

图 3-1(a)、(b)所示的是在车床上加工螺纹的方法:夹持在车床卡盘上的工件作等角速度旋转,车刀沿轴线方向作匀速直线移动。螺纹的加工方法除了车削之外还有用模具碾制和板牙加工外螺纹,丝锥攻内螺纹等。分别如图 3-1(c)、(d)和(e)所示。

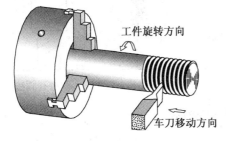

(a) 车削外螺纹

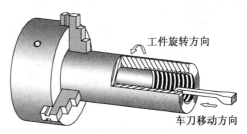

(b) 车削内螺纹

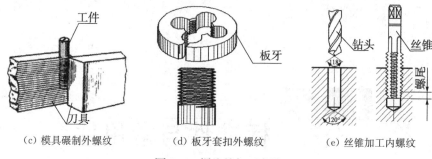

（c）模具碾制外螺纹　　（d）板牙套扣外螺纹　　（e）丝锥加工内螺纹

图 3-1　螺纹的加工方法

3. 螺纹相关的工艺结构

（1）螺纹末端

为了防止外螺纹起始圈损坏和便于装配，通常在螺杆螺纹的起始处做出一定形式的末端。螺纹的末端结构、尺寸已经标准化，可查阅有关标准手册。图 3-2 列出了两种常见的螺纹末端标准结构。

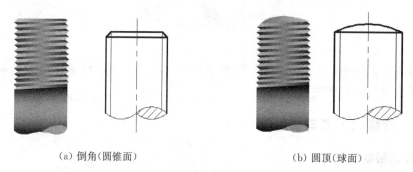

（a）倒角（圆锥面）　　　　　　　　　　　（b）圆顶（球面）

图 3-2　常见螺纹末端标准结构

（2）钻孔底部与螺纹阶梯孔

在加工内螺纹的过程中，先用钻头加工出光孔，再进行螺纹的加工。钻孔深度一般要大于螺纹深度 $0.5D$，D 为螺纹大径。钻头端部锥顶角实际约为 $118°$，可按 $120°$ 简化绘制，如图 3-3 所示。

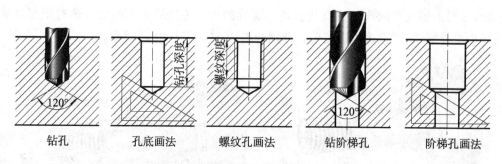

钻孔　　　　孔底画法　　　螺纹孔画法　　　钻阶梯孔　　　阶梯孔画法

图 3-3　螺纹底部钻孔与阶梯孔

（3）螺纹收尾与退刀槽

由于加工的原因,在螺纹末尾形成一段不完整螺纹牙型,称为螺尾,如图 3-4(a)所示。为避免在螺纹有效长度内产生螺尾及方便进刀和退刀,加工时,在该位置预制出一个退刀槽,如图 3-4(b)所示。

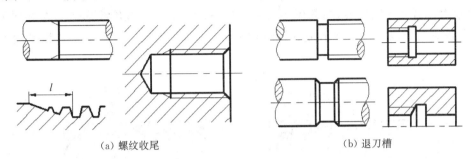

（a）螺纹收尾　　　　　　　　　　　　　（b）退刀槽

图 3-4　螺纹收尾与退刀槽

3.1.2　螺纹的要素

1. 牙型

牙型是螺纹轴向剖面的轮廓形状。牙型分牙顶与牙底,在加工螺纹的过程中,由于刀具的切入构成了凸起和沟槽两部分,凸起部分的顶端称为牙顶,沟槽部分的底部称为牙底。螺纹的牙型种类有三角形、梯形、矩形、锯齿形、方形等,不同牙型有不同用途,如三角形螺纹用于连接,梯形、方形螺纹用于传动。螺纹牙型上相邻两牙侧之间的夹角,称为牙型角,以 α 表示。螺纹牙型结构如图 3-5 所示。常按牙型的不同区分螺纹的种类,常用的标准牙型见表 3-1。

2. 直径

螺纹的直径分大径、中径和小径三种,如图 3-5 所示。

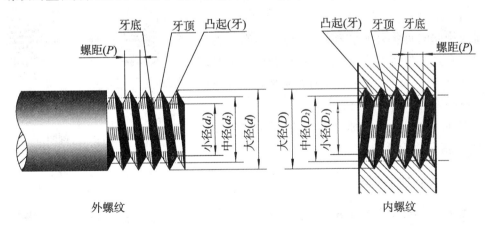

外螺纹　　　　　　　　　　　　　　　　　内螺纹

图 3-5　螺纹的结构

与外螺纹牙顶或内螺纹牙底相重合的假想圆柱面的直径称为螺纹大径,外螺纹的大径用 d 表示,内螺纹的大径用 D 表示。

与外螺纹牙底或内螺纹牙顶相重合的假想圆柱面的直径称为螺纹小径,外螺纹的小径

用 d_1 表示，内螺纹的小径用 D_1 表示。

通过牙型上沟槽和凸起宽度相等处的一个假想圆柱的直径称为螺纹中径。外螺纹的中径用 d_2 表示，内螺纹的中径用 D_2 表示。

3. 线数

螺纹有单线和多线之分，线数用小写字母 n 表示。沿一条螺旋线形成的螺纹称单线螺纹，沿两条或两条以上螺旋线形成的螺纹称为多线螺纹，如图 3-6 所示。连接螺纹大多为单线。

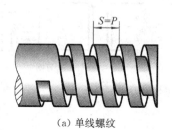

（a）单线螺纹 （b）双线螺纹

图 3-6 线数、螺距和导程

4. 螺距和导程

相邻两牙在中径线上对应两点间的轴向距离称为螺距，用大写字母 P 表示。同一条螺旋线上的相邻两牙在中径线上对应两点间的轴向距离称导程，用大写字母 L 或 S 表示。螺距和导程如图 3-6 所示。

$$螺纹导程＝螺距×线数$$

5. 旋向

螺纹有右旋和左旋之分，沿顺时针方向旋入的螺纹称为右旋螺纹，沿逆时针方向旋入的称为左旋螺纹。判定螺纹旋向时可将外螺纹轴线垂直放置，螺纹的可见部分是右高左低者为右旋螺纹，左高右低者为左旋螺纹。亦可通过内外螺纹在旋和的方向来判定螺纹旋向。螺纹的旋向如图 3-7 所示。

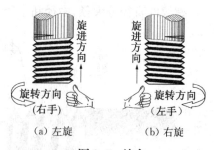

（a）左旋 （b）右旋

图 3-7 旋向

当内外螺纹配合使用时，只有上述 5 个要素完全相同时，方能正确旋合使用。

3.1.3 螺纹的种类

1. 按螺纹要素是否标准分

（1）标准螺纹：凡螺纹牙型、大径、螺距符合标准的螺纹。

（2）特殊螺纹：螺纹牙型符合标准，而大径、螺距不符合标准的螺纹。

（3）非标准螺纹：螺纹牙型不符合标准的螺纹。

2. 按螺纹的用途分

常见的螺纹主要有连接螺纹和传动螺纹两类，如表 3-1 所示。

表 3-1　　　　常见螺纹的种类、牙型、代号及用途

螺纹分类			特征代号	牙型及牙型角	用途
连接螺纹	普通螺纹	普通粗牙螺纹	M	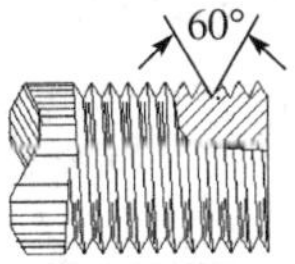 60°	用于一般零件的连接,应用最广泛的连接螺纹
		普通细牙螺纹			用于精密零件,薄壁零件或负荷大的零件
	管螺纹	非螺纹密封的管螺纹	G	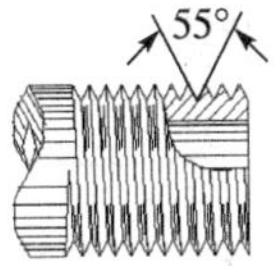 55°	用于非螺纹密封的低压管路的连接
		用螺纹密封的管螺纹 圆锥外螺纹	R_1(配 R_P) R_2(配 R_c)	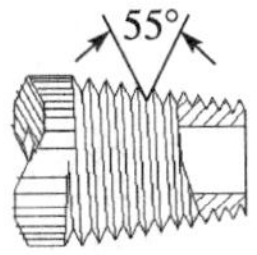 55°	用于螺纹密封的中高压管路的连接
		圆锥内螺纹	R_C	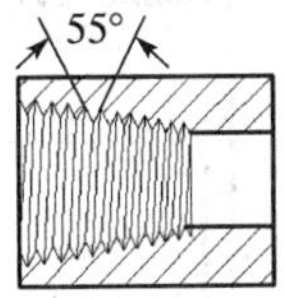 55°	
		圆柱内螺纹	R_P	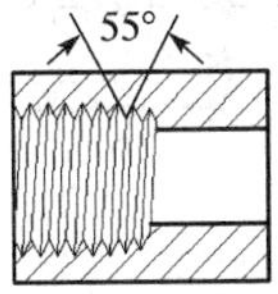 55°	
传动螺纹		梯形螺纹	Tr	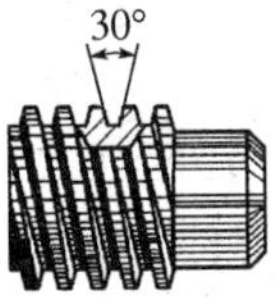 30°	可双向传递运动和动力
		锯齿形螺纹	B	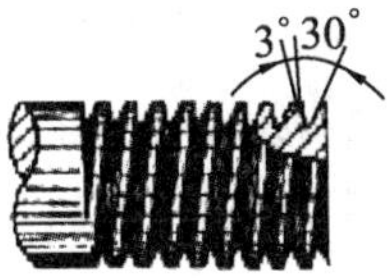 3°30°	只能传递单向动力

3.1.4　螺纹的规定画法

螺纹是空间曲面构成的,其真实投影绘制十分烦琐,在加工制造时也不需要画它的真实投影,因而国家标准规定了螺纹的简化画法,其主要内容如下:

1. 标准内、外螺纹的规定画法

螺纹的牙顶用粗实线表示,牙底用细实线表示,一般近似地取小径＝0.85 大径,但当螺

纹直径较大时可取稍大于 0.85 倍大径的数值绘制。倒角或倒圆部分也应画出。在螺纹径向（投影为圆）视图中,表示牙底的细实线圆只画出约 3/4 圈,轴或孔上的倒角圆省略不画。外螺纹的规定画法如图 3-8 所示,内螺纹的规定画法如图 3-9 所示。

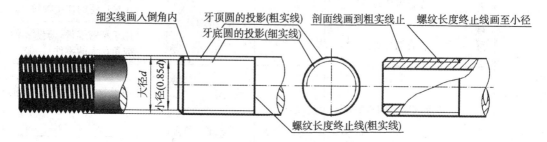

图 3-8　标准外螺纹的规定画法

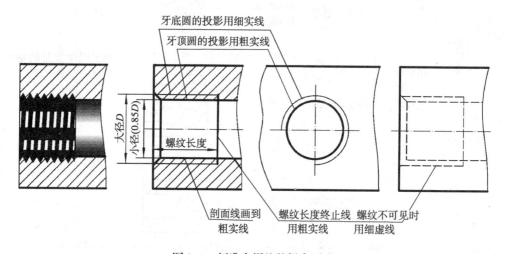

图 3-9　标准内螺纹的规定画法

在绘制标准螺纹的时候还应注意以下几点:

(1) 内、外螺纹的终止界线(简称螺纹终止线),规定用一条粗实线来表示。

(2) 螺尾部分一般不必画出,当需要表示螺尾时,该部分的牙底用与轴线成 30°的细线绘制。

(3) 螺纹不可见时所有图线用虚线绘制(图 3-9)。

(4) 在内、外螺纹的剖视图中,剖面线应画入细实线,至粗实线为止(图 3-8、3-9)。

(5) 在绘制不穿通的螺孔(又叫螺纹盲孔)时,一般应将钻孔深度与螺纹深度分别画出,且钻孔深度一般应比螺纹深度大 $0.5D$,其中 D 为螺纹的大径。

2. 标准螺纹连接的规定画法

用剖视图表示内、外螺纹的连接时,旋合部分应按外螺纹的画法绘制,不旋合部分仍按各自的画法表示,如图 3-10 所示。必须注意,只有牙型、直径、线数、螺距及旋向等结构要素都相同的螺纹才能正确旋合在一起,所以在剖视图上,表示大、小径的粗实线和细实线应分别对齐。

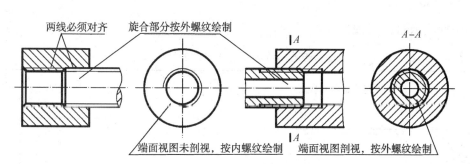

两线必须对齐　旋合部分按外螺纹绘制

端面视图未剖视，按内螺纹绘制　　端面视图剖视，按外螺纹绘制

图 3-10　标准螺纹连接的规定画法

3. 螺纹孔相交的画法

当螺纹孔相交、或螺纹孔与光孔相交时，只画出钻孔的交线(用粗实线表示)，如图 3-11 所示。

4. 特殊螺纹非标准螺纹的画法

特殊螺纹的绘制同标准螺纹。非标准螺纹的画法如图 3-12 所示(以矩形螺纹为例)，通过局部剖切显示牙型，并通过直径、螺距和牙型等的尺寸标注来表示。

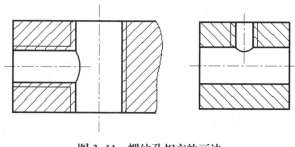

图 3-11　螺纹孔相交的画法

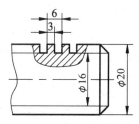

图 3-12　非标准螺纹的画法与标注

3.1.5　螺纹的标注

由于螺纹采用统一规定的画法，为了便于识别螺纹的种类及其要素，对螺纹必须按规定格式在图上进行标注。螺纹的标注方法分标准螺纹和非标准螺纹两种，下面分别进行说明。

1. 普通螺纹、梯形螺纹、锯齿形螺纹的标注

(1) 标注形式

$$\boxed{螺纹特征代号}\ \boxed{公称直径}\times\dfrac{\boxed{螺距}(单线)}{\boxed{导程(P 螺距)}(多线)}\ \boxed{旋向}-\boxed{公差带代号}-\boxed{旋合长度代号}$$

(2) 标注的一些基本规定

① 公称直径为螺纹大径，尺寸界限均从螺纹大径引出。

② 单线螺纹只标螺距，多线螺纹导程和螺距均需标出；普通粗牙螺纹螺距可不标。

③ 旋向为右旋时不标，左旋需标出 LH。

④ 内螺纹公差带代号用大写字母表示，外螺纹公差带代号用小写字母表示。若中径和大径(顶径)公差带若相同，只标注一个。

⑤ 普通螺纹旋合长度分短(S)中(N)长(L)3 种，其中短旋合与长旋合需标注；梯形螺纹、锯齿形螺纹旋合长度分中(N)长(L)两种，其中长旋合需标注。

（3）标注示例（表 3-2）

表 3-2   常见普通、梯形和锯齿形螺纹的标注示例

螺纹分类	普通粗牙螺纹（单线）	螺纹分类	普通细牙螺纹（单线）

标注示例	M10LH-7h-*S*
	
	 M10LH-7h-*S*
	  旋合长度代号（短旋合和）
	  中径、顶径公差（相同）
	  旋向（左旋）
	  公称直径
	  牙型代号
		标注示例	M10×1-5G6G
			
			 M10×1-5G6G
			  中径、顶径公差
			  螺距
			  公称直径
			  牙型代号

说明	1. 普通粗牙螺纹不标注螺距 2. 旋向为左旋，必须标注 3. 中径和顶径的公差带代号相同时只标注一个 4. 旋合长度为短旋合，必须标注	说明	1. 普通细牙螺纹必须标注螺距 2. 中径和顶径的公差带代号不同时，分开标注 3. 旋向为右旋，默认不标注 4. 旋合长度为中等旋合长度，默认不标注
螺纹分类	锯齿形螺纹（单线或多线）	螺纹分类	梯形螺纹（单线或多线）

标注示例	B32×6LH-6H
	
	 B32×6LH-6H
	  中径、顶径公差（相同）
	  旋向（左旋）
	  螺距
	  公称直径
	  牙型代号
		标注示例	Tr40×14(P7)-7e-*L*
			
			 Tr40×14(P7)-7e-*L*
			  旋合长度代号（长旋合）
			  中径、顶径公差（相同）
			  螺距
			  导程
			  公称直径
			  牙型代号

说明	1. 锯齿形螺纹，标注螺距 2. 旋向为左旋，必须标注 3. 旋合长度为中等旋合长度，默认不标注	说明	1. 导程为14，螺距为7，线数为二者相除等于2，双线螺纹 2. 旋向为右旋，默认不标注 3. 旋合长度为长旋合，必须标注

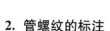

2. 管螺纹的标注

（1）标注形式

$$\boxed{螺纹特征代号}\ \boxed{尺寸代号}\ \boxed{公差等级代号}-\boxed{旋向}$$

（2）标注的一些基本规定

① 尺寸代号为管子内通径，单位为英寸，螺纹大、小径等具体尺寸可从本书附表查得。

② 管螺纹必须采用指引线标注，指引线从大径线引出。

③ 公差等级只对非螺纹密封的外螺纹分 A、B 两级标记，内螺纹则不标记。

（3）标注示例（表 3-3）

表 3-3　　　　　　　　　　　　　　常见管螺纹的标注示例

螺纹分类	标注示例	说明
非螺纹密封的管螺纹（单线）	G1/2 G1/2A G1/2 牙型代号 管子的孔径 G1/2A 牙型代号 管子的孔径 螺纹公差等级为A级	1. 对于非螺纹密封的管螺纹，公差等级内螺纹不标注，外螺纹标注 2. 旋向为右旋，默认不标注
用螺纹密封的管螺纹（单线）	$R_p1/2$ $R_c1/2$ $R_p1/2$ 牙型代号 管子的孔径 $R_c1/2$ 牙型代号 管子的孔径	1. 对于用螺纹密封的管螺纹公差等级不标注 2. 旋向为右旋，默认不标注

3. 特殊螺纹与非标准螺纹的标注

特殊螺纹的标注只在代号前加写"特"字，其他同普通螺纹。如"特 M22×2"。对非标准螺纹的而言，应画出两个以上牙型的局部放大图样，并标注其大径（含尺寸公差）、小径、螺距、导程、放大比例等，如图 3-12 所示。

4. 螺纹旋合的标注

在螺纹的旋合装配图中，对于普通螺纹、梯形螺纹和锯齿形螺纹用一个代号和公称直径标出，内外螺纹的公差代号用斜线分开，内螺纹的在前，外螺纹的在后。对于管螺纹，先写内螺纹标注，再写外螺纹标注，二者用斜线分开。螺纹旋合的标注如图 3-13 所示。

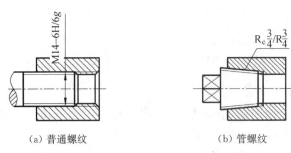

(a) 普通螺纹 　　　　　　　　(b) 管螺纹

图 3-13　螺纹旋合的标注

3.2　螺 纹 连 接 件

3.2.1　螺纹连接件的种类及标记

常见的螺纹连接件(又称螺纹紧固件)共有螺栓、螺柱、螺钉、螺母和垫圈 5 类,每一类有多种样式。它们都属于标准件,一般有专门厂家生产。国家标准对螺纹紧固件的结构、型式、尺寸等都作了规定,在设计或使用时,不画它们的零件图,只需按规定画法在装配图中画出,注明它们的标记即可。

螺纹连接件的完整标记为:

| 名称 | 标准编号 |－| 规格或公称尺寸 |×| 公称长度 |－| 产品型式 |－| 性能等级 |－| 产品等级 |－| 表面处理 |

在一般情况下,连接件采用简化标记,主要标记完整标记的前四项。

如标记"螺栓 GB/T 5782—2000-M12×80-10.9-A-O",查标准"螺栓 GB/T 5782—2000"代表六角头螺栓,M12 代表螺栓上螺纹的公称直径,80 代表螺栓的公称长度,10.9 代表性能等级,A 代表产品等级,O 代表表面氧化处理。常用螺纹连接件的标记示例见表 3-4。

表 3-4　　　　　　　　　　　　　　常用螺纹连接件

种类	结构	图例与规格尺寸	简化标记示例
六角头螺栓		45　M10	螺栓 GB/T 5782　M10×45
双头螺柱		40　M10	螺柱 GB/T 898　M10×40

续表

种类	结构	图例与规格尺寸	简化标记示例
开槽圆柱头螺钉		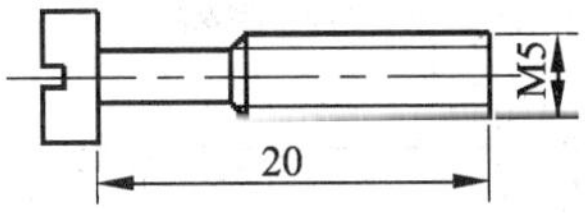 M5 / 20	螺钉 GB/T 65　M5×20
开槽沉头螺钉		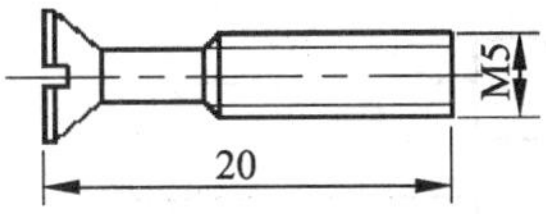 M5 / 20	螺钉 GB/T 68　M5×20
锥端紧定螺钉		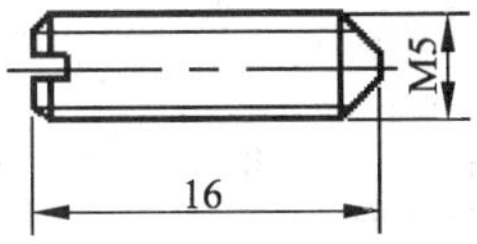 M5 / 16	螺钉 GB/T 71　M5×16
1 型六角螺母		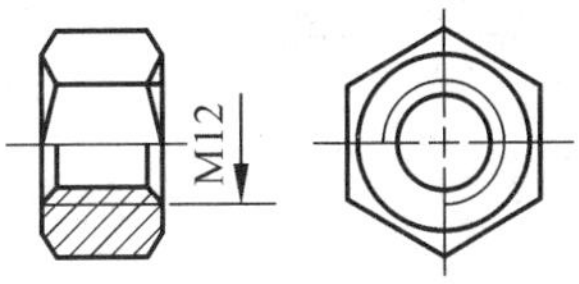 M12	螺母 GB/T 6170　M12
平垫圈		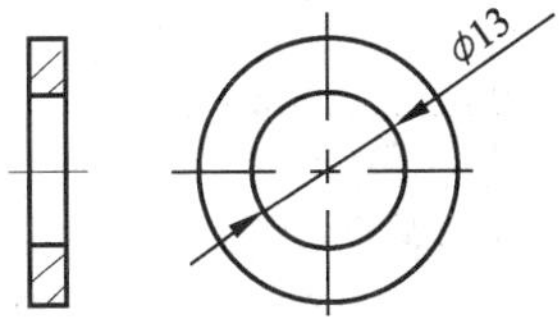 φ13	垫圈 GB/T 97.1　12
弹簧垫圈		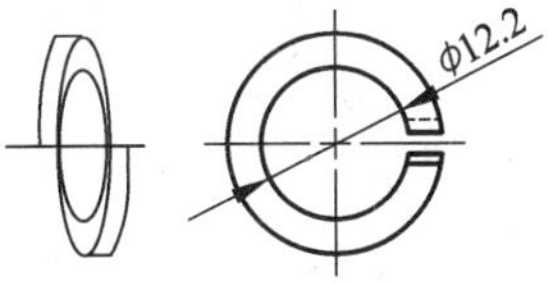 φ12.2	垫圈 GB/T 93　12

3.2.2　螺纹连接件的画法

一般情况下不必画出螺纹连接件的零件图,但在装配图中需画出其投影,常见螺的画法有查表画法和比例画法两种。

1. 查表画法

即按国家标准中规定的数据画图。根据螺纹紧固件标记中的公称直径 d(或 D),查阅有关标准(见第 9 章常用设计及制图资料相关内容),得出各部分尺寸后按图例进行绘图。

2. 比例画法

即螺纹其他各部分尺寸都取与公称直径 d(或 D)成一定比例的数值来画图的方法。采用比例画法时,可以提高绘图速度,其中,螺纹紧固件的公称长度 l 需根据被连接件的厚度计算后取标准值。常见螺纹连接件的比例画法如表 3-5 所示。

表 3-5　　　　　　　　　　　　　常见螺纹连接件的比例画法

名称	各种连接件的比例画法
螺栓、螺母	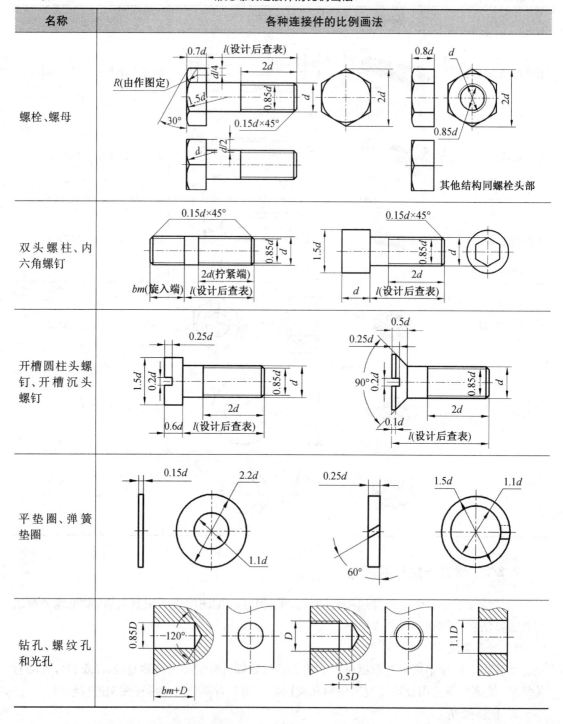
双头螺柱、内六角螺钉	
开槽圆柱头螺钉、开槽沉头螺钉	
平垫圈、弹簧垫圈	
钻孔、螺纹孔和光孔	

3.2.3　螺纹连接件的装配图画法

1. 画螺纹连接件装配图的一般规定

（1）两零件表面接触时，画一条粗实线，不接触时画两条粗实线，间隙过小时应夸大画出。

(2) 当剖切平面通过螺杆的轴线时,对于螺栓、螺柱、螺钉、螺母及垫圈等均按未剖切绘制,螺纹连接件的工艺结构如倒角、退刀槽、缩颈、凸肩等均可不画。

(3) 在剖视图中,相邻两零件的剖面线方向须相反,剖面线方向若一致时用间距不等来表示。同一个零件在各剖视图中,剖面线的方向和间距须一致。

2. 螺纹连接件连接的基本形式

(1) 螺栓连接

用于被连接件都不太厚,加工成通孔且要求连接力较大的情况。螺栓连接时,用螺栓穿过两个被连接件的光孔,加上垫圈,用螺母紧固。其中,垫圈用来增加支撑面和防止损伤被连接件的表面,如图 3-14(a)所示。

(2) 双头螺柱连接

用于被连接件之一较厚,不适合加工成通孔,且要求连接力较大的情况,其上部较薄被连接件加工通孔,下部较厚被连接件钻螺纹孔(不通)。螺柱连接时,一端(旋入端)全部旋入被连接零件的螺孔中,另一端通过被连接件的光孔,用螺母、垫圈紧固,如图 3-14(b)所示。

(3) 螺钉连接

多用于受力不大的零件之间的连接。螺钉连接不用螺母,仅靠螺钉与一个零件上的螺孔旋配连接,其结构与螺柱连接类似,如图 3-14(c)所示。

(4) 紧定螺钉

常用于定位、防松而且受力较小的情况,如图 3-14(d)所示。

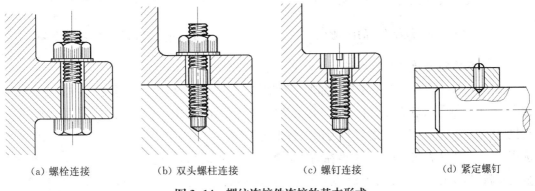

(a) 螺栓连接　　　　(b) 双头螺柱连接　　　　(c) 螺钉连接　　　　(d) 紧定螺钉

图 3-14　螺纹连接件连接的基本形式

3. 螺栓连接的比例画法

如图 3-15 所示,螺栓的有效长度 l 先按下式估算:$l = \delta_1 + \delta_2 + a + h + m$。其中 δ_1 和 δ_2 为两被连接件的厚度;m 为螺母的厚度,h 为垫圈的厚度;a 为螺栓伸出螺母外的长度,一般取 $a = 0.5d$。然后根据螺栓的标记查出相应标准尺寸,选取一个相近的标准长度值。

绘图时应注意以下事项:

(1) 螺纹连接件在视图中按不剖处理,但需注意后方可见线,如图 3-15 中被连接零件接触面(投影图上为线)画到螺栓的大径处。

(2) 被连接件的孔径必须大于螺栓的大径,$d_0 = 1.1d$,否则成组装配时,会由于孔间距有误差而装不进去。

（3）在螺栓连接的剖视图中，两被连接零件的剖面线应不同。各螺纹连接件的投影应符合投影关系，且绘制无误。

（4）螺栓的螺纹终止线必须画到被连接件孔中，不许被垫圈等遮盖，否则螺母可能拧不紧。

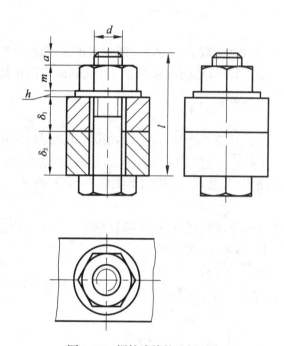

图 3-15　螺栓连接的比例画法

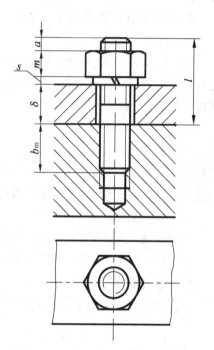

图 3-16　双头螺柱连接的比例画法

4. 双头螺柱连接的比例画法

如图 3-16 所示，双头螺柱两端都加工有螺纹，连接时，一端旋入较厚零件中的螺孔中称旋入端，另一端穿过较薄零件的通孔，套上垫圈，再用螺母拧紧，称紧固端。旋入端的长度 b_m 与机体的材料有关，当机体的材料为钢或青铜等硬材料时，选用 $b_m = d$ 的螺柱；当为铸铁时，选用 $b_m = 1.25d$ 的螺柱；材料强度在铸铁和铝之间或铝制品时，选用 $b_m = 1.5d$ 螺柱；当为非金属材料时，选用 $b_m = 2d$ 的螺柱。绘图时与螺栓类似，需先按下式估算螺柱的公称长度 $l = \delta + s + m + a$ 然后根据螺柱的标记查出相应标准尺寸，选取一个相近的标准长度值。式中各符号的意义类似于螺栓，不再重复说明。

画图时应注意，弹簧垫圈开口槽方向与水平实际成 $65° \sim 80°$，一般按照从左上向右下倾斜 $60°$ 绘制，与实际垫圈开口方向相同。为了保证连接牢固，应使旋入端完全旋入螺纹孔中，即在图上旋入端的终止线应与螺纹孔口的端面平齐。旋入端的螺纹终止线应与被连接零件的表面平齐。

5. 连接螺钉与紧定螺钉连接的比例画法

图 3-17 为螺钉的连接画法。其连接部分的画法与螺柱拧入金属端的画法接近，所不同的是螺钉的螺纹终止线应画在被旋入螺孔零件顶面投影线之上。

螺钉头部槽口在反映螺钉轴线的视图上,应画成垂直于投影面;在投影为圆的视图中,则应画成与中心线倾斜 45°。当槽宽小于 2 mm 时,可以涂黑表示。

螺钉的拧入深度 b_m 与螺柱相同,可根据被旋入零件的材料决定。螺钉的有效长度 $l = b_m + \delta$,然后根据螺钉的标记查出相应标准尺寸,选取一个相近的标准长度值。

采用紧定螺钉连接时,其画法如图 3-18 所示。

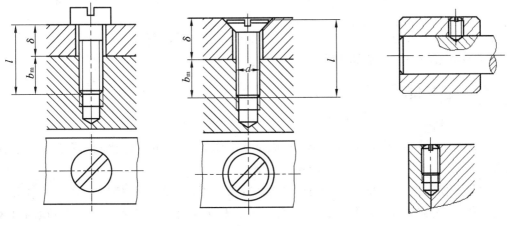

图 3-17　螺钉连接的比例画法　　　　图 3-18　紧定螺钉的比例画法

6. 螺纹连接件的连接简化画法

螺纹连接件还可以采用简化画法,如端部倒角(图 3-19 中 *II* 处所示)、六角头螺栓头部及六角头螺母的曲线(图 3-19 中 *I* 处所示)、孔(图 3-19 中 *III* 处所示)和螺钉头部槽口(图3-19 中 *IV* 处所示)等均可省略。

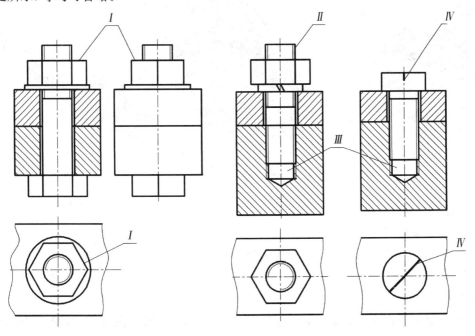

图 3-19　螺纹连接件的简化画法

3.3 齿轮及蜗轮蜗杆

齿轮、齿条及蜗轮蜗杆是机器中重要的传动零件,应用非常广泛。在机器中它们一般成对出现,不仅可以传递运动和动力,还可以改变转速,改变运动方向,甚至改变运动形式。

齿轮、齿条及蜗轮蜗杆等传动件的结构形状比较复杂,在其参数中只有模数(m)和压力角(α)已经标准化,因此,它们属于常用件。

3.3.1 齿轮传动

1. 齿轮的结构

齿轮的主要结构如图3-20(a)所示,轮齿是其工作部分,中间的键槽和轴孔是其安装固定部分(与轴和键接触),辐板和轮缘起连接作用。

在设计和使用齿轮时,对于直径很小的齿轮其齿根圆与轴的直径相差不大,应将轴和齿轮作成一体,称为齿轮轴,如图3-20(c)所示。直径稍大一些的小齿轮(一般在齿顶圆直径$d_a \leqslant 160$时),将轴与齿轮分开,作成实心结构的齿轮,如图3-20(b)所示的小齿轮。直径再大一些的齿轮(一般在$d_a < 500$时),可做成辐板式,辐板上一般开圆孔,开孔数目由设计而定,如图3-20(a)所示。当齿顶圆直径$160 < d_a < 400$时,辐板上也可以做成类似肋的形式,如图3-20(b)所示大齿轮。

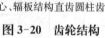

（a）齿轮各部分名称　　　（b）实心、辐板结构直齿圆柱齿轮　　　（c）直齿圆柱齿轮轴

图3-20 齿轮结构

2. 齿轮的分类

常用的齿轮可作以下分类:

按齿轮轮廓曲线来分:渐开线,摆线和圆弧。

按齿轮的齿形来分:直齿(图3-21(a))、斜齿(图3-21(e))、人字齿(图3-21(f))、螺旋齿(图3-21(c))等。

按齿轮传动情况来分:圆柱齿轮传动——两平行轴的传动(图3-21(a));圆锥齿轮传动——两相交轴的传动(图3-21(b));蜗杆蜗轮(图3-21(d))、螺旋齿圆柱齿轮传动(图

3-21(c))——两交叉轴的传动;齿轮与齿条(图 3-21(g))——改变运动方式的传动(回转运动变直线运动)。

另外齿轮的啮合分为外啮合和内啮合(图 3-21(h))。

(a) 直齿圆柱齿轮传动

(b) 直齿圆锥齿轮传动

(c) 螺旋齿圆柱齿轮传动

(d) 蜗轮蜗杆传动

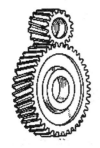
(e) 斜齿圆柱齿轮传动

(f) 人字齿圆柱齿轮传动

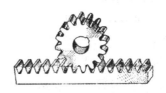
(g) 齿轮齿条传动

(h) 内啮合齿轮传动

图 3-21　常见的齿轮及其传动

3.3.2　圆柱齿轮

本部分主要以直齿圆柱齿轮为例来说明。

1. 直齿圆柱齿轮各部分名称和尺寸关系

直齿圆柱齿轮的齿向与齿轮轴线平行,图 3-22 所示为直齿圆柱齿轮各部分名称和代号。

(1) 齿顶圆直径 d_a:过轮齿齿顶的圆柱面与端平面的交线称为齿顶圆。

(2) 齿根圆直径 d_f:过轮齿齿根的圆柱面与端平面的交线称为齿根圆。

(3) 分度圆直径 d:对于渐开线齿轮,过齿厚弧长 s 与槽宽(齿间弧长)e 相等处的圆柱面称为分度圆柱面。分度圆柱面与端平面的交线称为分度圆。当一对齿轮啮合安装后,在理想状态下,两个分度圆是相切的,此时的分度圆也称为节圆,节圆用 d' 表示。

(4) 齿高 h:齿顶圆与齿根圆之间的径向距离,用 h 表示;齿顶高 h_a 是齿顶圆与分度圆之间的径向距离;齿根高 h_f 是齿根圆与分度圆之间的径向距离,$h = h_a + h_f$。

（5）齿距 p:分度圆上相邻两齿的对应点之间的弧长称为齿距,用 p 表示,$p = s + e$。

（6）齿宽 b:齿轮的轴向尺寸。

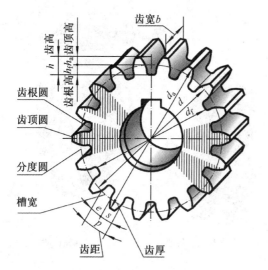

图 3-22　直齿圆柱齿轮各部分名称和代号

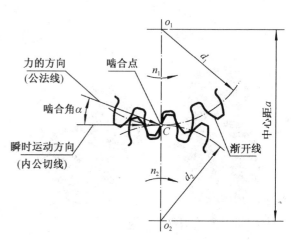

图 3-23　直齿圆柱齿轮主要参数

2. 直齿圆柱齿轮主要参数

图 3-23 所示为一对啮合直齿圆柱齿轮主要参数。

（1）压力角（啮合角）α:在端平面内,过端面齿廓与分度圆交点的径向直线与齿廓在该点的切线所夹的锐角,用 α 表示。我国采用的压力角为 20°;

（2）模数 m:若齿轮的齿数用 Z 表示,则分度圆的周长为 $\pi d = pZ$,即 $d = pZ/\pi$,式中 π 为无理数,为了计算和测量方便,令 $m = p/\pi$,称 m 为模数,其单位为 mm。

模数是设计和制造齿轮的一个重要参数。模数越大,轮齿越厚,齿轮的承载能力越大。为了便于设计和加工,国家标准中规定了齿轮模数的标准数值,见表 3-6。

表 3-6　　　　　　　　　　　圆柱齿轮的标准模数

第一系列	1	1.25	1.5	2	2.5	3	4	5	6
	8	10	12	16	20	25	32	40	50
第二系列	1.75	2.25	2.75	(3.25)	3.5	(3.75)	4.5	5.5	(6.5)
	7	9	(11)	14	18	22	28	(30)	36
	45								

注:1. 本表适用于渐开线圆柱齿轮,对斜齿轮是指法面模数;
　　2. 选用模数时,应优先选用第一系列,其次选用第二系列,括号内的模数尽可能不用。

标准直齿圆柱齿轮各部分的尺寸都与模数有关,设计齿轮时,先确定模数 m 和齿数 z,然后根据表 3-7 的计算公式计算出各部分尺寸。

表 3-7   直齿圆柱齿轮各基本尺寸的计算公式

名称	代号	计算公式
分度圆直径	d	$d = mZ$
齿顶圆直径	d_a	$d_a = m(Z+2)$
齿根圆直径	d_f	$d_f = m(Z-2.5)$
齿高	h	$h = h_a + h_f = 2.25m$
齿顶高	h_a	m
齿根高	h_f	$1.25m$
齿距	p	$p = \pi m$
中心距	a	$a = (d_1 + d_2)/2 = m(Z_1 + Z_2)/2$

（3）传动比 i：主动齿轮转速 n_1（r/min）与从动齿轮转速 n_2（r/min）之比称为传动比，即 $i = n_1/n_2$。由于主动齿轮和从动齿轮单位时间里转过的齿数相等，即 $n_1 Z_1 = n_2 Z_2$，因此，传动比 i 也等于从动齿轮齿数 z_2 与主动齿轮齿数 z_1 之比，即 $i = n_1/n_2 = Z_2/Z_1$。

（4）中心距 a：两啮合齿轮中心之间的距离。

2. 圆柱齿轮的规定画法

（1）单个直齿圆柱齿轮画法

齿轮结构的表达一般主要由表达径向端面和轴向的视图构成，轴向视图为主视。视齿轮结构的复杂程度选择表达方法。如表示有轴孔、键槽的齿轮可采用两个视图，主视图沿着齿轮轴向全剖、半剖或者局部剖，左视或者右视表达齿轮的径向端面，有时用一个局部视图（即左视图中只画键槽）表达齿轮的径向端面。

齿轮的齿部结构比较复杂，齿轮的规定画法只要针对齿部：①齿顶圆用粗实线绘制；②分度圆用细点画线绘制；③齿根圆用细实线绘制，也可省略不画；④在剖视图中，齿部按照不剖处理，齿根圆用粗实线绘制，如图 3-24 所示。如需要表示轮齿（斜齿、人字齿）的方向时，可用三条与轮齿方向一致的细实线表示，如图 3-25 所示。

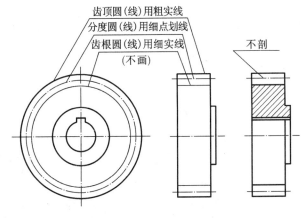

图 3-24   单个直齿圆柱齿轮画法

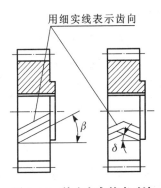

图 3-25   轮齿方向的表示法

（2）直齿圆柱齿轮啮合图的画法

在直齿圆柱齿轮啮合过程中，首先保证两个齿轮的分度圆相切，即在轴向视图中两个齿轮啮合端代表分度圆的细点画线重合，在径向视图中两个齿轮代表分度圆的细点画线相切。

在轴向视图中，啮合部位一般采用剖视。主动齿轮的齿顶圆与齿根圆按粗实线绘制，从动齿轮的齿根圆按粗实线绘制，动齿轮的齿顶圆按细实线绘制。即在此部位会出现三条粗实线，一条细虚线，一条细点画线（图 3-26（a））。若轴向视图不采用剖视，则在啮合部位用粗实线画出分度圆相切部位的节线，齿顶圆和齿根圆均不画（图 3-26（b））。需要表示轮齿的方向时，用三条与轮齿方向一致的细实线表示，画法与单个齿轮相同（图 3-26（b））。

在径向视图中，分度圆相切，齿根圆一般省略不画，齿顶圆用粗实线绘制，可以画完整（图 3-26（a）），也可在两个齿轮齿顶圆相交处断开（图 3-26（b））。

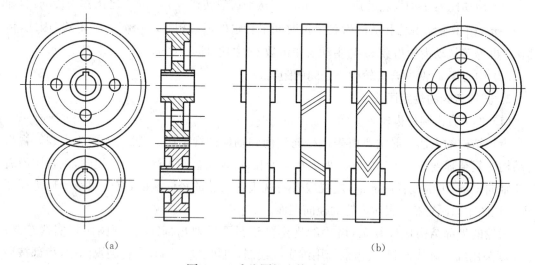

（a）   （b）

图 3-26　直齿圆柱齿轮啮合画法

3.3.3　圆锥齿轮

圆锥齿轮俗称伞齿轮，用于传递两相交轴间的回转运动，以两轴相交成直角的圆锥齿轮传动应用最广泛，此处通过直齿圆锥齿轮来说明。

1. 直齿圆锥齿轮的各部分名称和尺寸关系

如图 3-27 所示，由于圆锥齿轮的轮齿位于圆锥面上，因此，其轮齿一端大，另一端小，其齿厚和齿槽宽等也随之由大到小逐渐变化，其各处的齿顶圆、齿根圆和分度圆也不相等，而是分别处于共顶的齿顶圆锥面、齿根圆锥面和分度圆锥面上。

国家标准规定，以大端的模数和分度圆来决定其他各部分的尺寸。圆锥齿轮的齿顶圆直径 d_a、齿根圆直径 d_f、分度圆直径 d、齿顶高 h_a、齿根高 h_f 和齿高 h 等都是对大端而言。分度圆锥面的素线与齿轮轴线间的夹角称为分锥角，用 δ 表示。从顶点沿分度圆锥面的素线至背锥面的距离称为外锥距，用 R 表示。

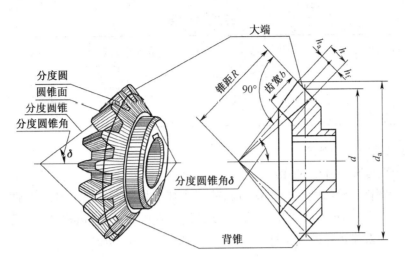

图 3-27　直齿圆锥齿轮的结构要素

2. 直齿圆锥齿轮的参数

模数 m、齿数 z、齿形角 α 和分锥角 δ 是直齿圆锥齿轮的基本参数,是决定其他尺寸的依据。只有模数和齿形角分别相等,且两齿轮分锥角之和等于两轴线间夹角的一对直齿圆锥齿轮才能正确啮合。标准直齿圆锥齿轮各基本尺寸的计算公式见表 3-8。圆锥齿轮的大端模数系列 m 国家标准数值见表 3-9。

表 3-8　　　　　　　　　　标准直齿圆锥齿轮的计算公式

名称	代号	计算公式
分度圆锥角	δ_1（小齿轮） δ_2（大齿轮）	$\tan\delta_1 = \dfrac{Z_1}{Z_2}$；$\tan\delta_2 = \dfrac{Z_2}{Z_1}$ $(\delta_1 + \delta_2 = 90°)$
分度圆直径	d	$d = mZ$
齿顶圆直径	d_a	$d_a = m(Z + 2\cos\delta)$
齿根圆直径	d_f	$d_f = m(Z - 2.4\cos\delta)$
齿高	h	$H = h_a + h_f = 2.2m$
齿顶高	h_a	$h_a = m$
齿根高	h_f	$h_f = 1.2m$
外锥距	R	$R = \dfrac{mZ}{2\sin\delta}$；
齿宽	b	$b \leqslant \dfrac{R}{3}$

注:1. 本表按两齿轮轴线的夹角 $\delta = 90°$ 计算;
　　2. 角标 1,2 分别代表大、小圆锥齿轮。

表 3-9　　　　　　　　　　　　　　圆锥齿轮模数

1	1.125	1.25	1.375	1.5	1.75	2	2.25	2.5	2.75	3	3.25	3.5	3.75
4	4.5	5	5.5	6	6.5	7	8	9	10	11	12	14	16
18	20	22	25	28	30	32	36	40	45	50			

3. 直齿圆锥齿轮的画法

（1）单个直齿圆锥齿轮的画法

单个直齿圆锥齿轮的画法与圆柱齿轮的画法基本相同。主视图多用全剖视图，左视图中大端、小端齿顶圆用粗实线画出，大端分度圆用细点画线画出，齿根圆和小端分度圆规定不画。单个直齿圆锥齿轮的画法过程如图 3-28 所示。

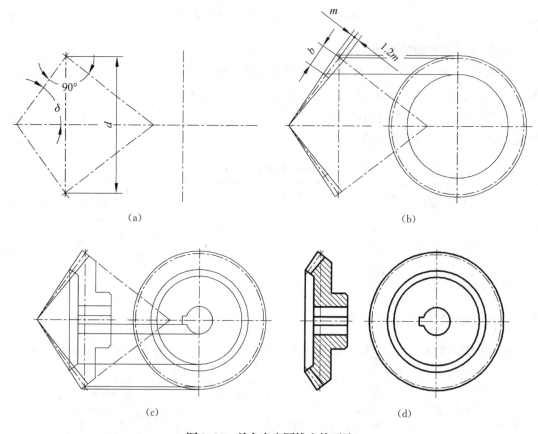

图 3-28　单个直齿圆锥齿轮画法

（2）直齿圆锥齿轮啮合的画法

直齿圆锥齿轮啮合的画法与圆柱齿轮啮合的画法基本相同，如图 3-29 所示。

3.3.4　蜗轮蜗杆

如图 3-30 所示蜗轮与蜗杆传动用于传递垂直交叉的两轴间的运动，它具有传动比大、

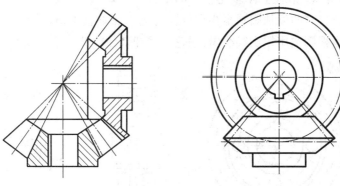

图 3-29　直齿圆锥齿轮啮合的画法

结构紧凑等优点,但效率低。蜗杆的齿数 Z_1 相当于螺杆上螺纹的线数。蜗杆常用单线或双线,在传动时,蜗杆旋转一圈,则蜗轮只转过一个齿或两个齿,因此可以得到大的传动比($i = Z_2/Z_1$,Z_2 为蜗轮齿数)。蜗轮的齿顶面和齿根面常制成圆环面。相互啮合的蜗杆蜗轮模数 m(蜗轮为端面模数,蜗杆为轴向模数)和压力角 α 应分别相等。

1. 蜗轮、蜗杆各部分的名称与画法

蜗轮、蜗杆各部分的名称与画法如图 3-30 所示。

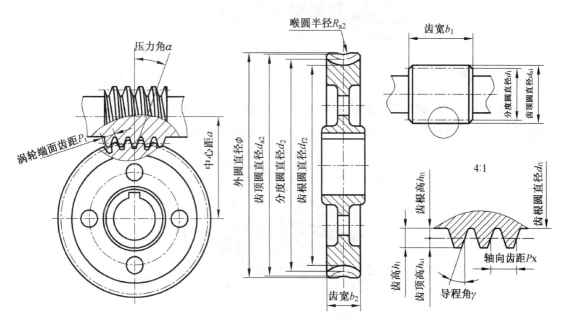

图 3-30　蜗轮、蜗杆各部分的名称及画法

2. 蜗轮蜗杆啮合的画法

如图 3-31(a)所示。在垂直于蜗轮轴线的视图上,蜗轮的分度圆与蜗杆的分度线必须相切,啮合区域内蜗轮和蜗杆的的齿顶圆均用粗实线绘出。在垂直于蜗杆轴线的视图上,啮合区只画蜗杆,不画蜗轮。

如图 3-31(b)所示。在垂直于蜗轮轴线的剖视图上,啮合区域内蜗轮和蜗杆的齿顶圆、齿根圆均用粗实线绘出,两齿顶圆画至相交位置为止。在垂直于蜗杆轴线的剖视图上,啮合区蜗杆的齿顶圆、齿根圆均用粗实线绘出,蜗轮被蜗杆遮住的部分绘制成细虚线或者不画。

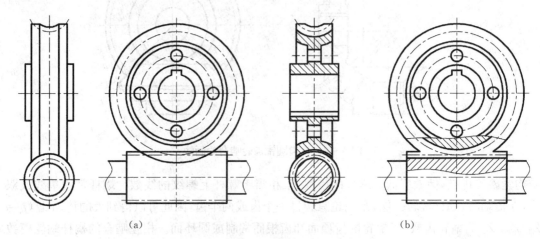

（a）　　　　　　　　　　　　　　　（b）

图 3-31　蜗轮蜗杆啮合的画法

3.4　其他标准件与常用件

3.4.1　键

如图 3-32 所示,键是机器上常用的标准件,用来连接轴和装在轴上的零件(如齿轮、皮带轮等),使轴与传动件之间不发生相对转动,起传递转矩的作用。

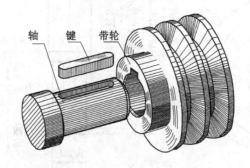

图 3-32　键连接

1. 键的形式

键的种类很多,常用的有普通平键、半圆键和钩头楔键等,其中普通平键分 A 型、B 型、C 型 3 种。普通平键应用较广泛,半圆键一般用于较轻载荷,钩头楔键用于精度要求不高,转速较低时传递较大的、双向的或有振动扭矩的连接。键的形式如图 3-33 所示。

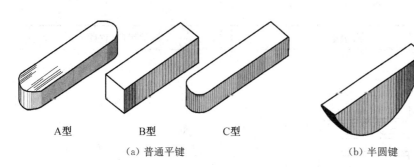

A型	B型	C型		
(a) 普通平键			(b) 半圆键	(c) 钩头楔键

图 3-33　常用的键

键连接时，一般在轴上用铣刀铣出键槽，在轮毂上用插刀插出键槽。轴和轮毂上键槽的画法和尺寸标注如图 3-34 所示，键和键槽尺寸可根据轴的直径在标准中查取（见第 9 章常用设计及制图资料相关内容）。

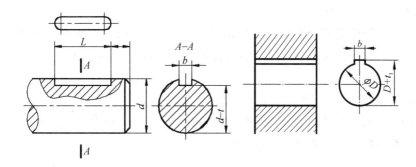

图 3-34　轴和轮毂上键槽的画法和尺寸标注

2. 键的规定标记

键的图例和标记如表 3-10 所示。

表 3-10　　　　　　　　　　常用键的图例和标记

名称	图例	标记示例（说明）
普通平键		GB/T 1096—2003 键 18×100 （A 型，键宽 $b=18$，$h=11$，键长 $L=100$）
半圆键		GB/T 1099.1—2003 键 6×25 （键宽 $b=6$，直径 $d=25$）

续表

名称	图　例	标记示例(说明)
钩头楔键		GB/T 1565—2003 键 18×100 (键宽 $b=18$，$h=8$，键长 $L=100$)

3. 键连接的结构与画法

(1) 普通平键、半圆键

普通平键、半圆键的两个侧面是工作面，所以键与键槽侧面之间应不留间隙；而键顶面是非工作面，它与轮毂的键槽顶面之间应留有间隙。如图 3-35(a)、(b)所示。

(2) 钩头楔键

钩头楔键的顶面有 1：100 的斜度，连接时将键打入键槽。因此，键的顶面和底面为工作面，画图时，上、下表面与键槽接触，而两个侧面是间隙配合面，即在键宽 b 和键高 h 组成的断面上，键与键槽四面贴合。如图 3-35(c)所示。

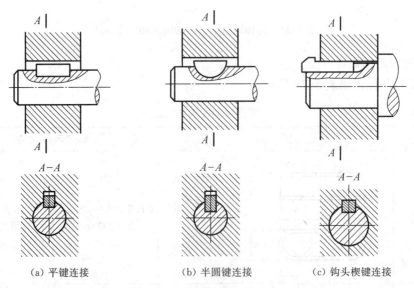

(a) 平键连接　　　　(b) 半圆键连接　　　　(c) 钩头楔键连接

图 3-35　键连接的结构与画法

4. 花键

(1) 基本结构

花键是一种常见的标准结构,它的特点是键和键槽的数目较多,轴和键制成一体。花键连接同轴度好,连接可靠,适用于重载或变载定心精度较高的连接上。在轴上制成的花键称为外花键,在孔内制成的花键称为内花键如图 3-36 所示。

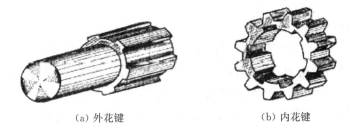

（a）外花键　　　　　　　　（b）内花键

图 3-36　花键的结构

（2）画法

内、外花键的画法如图 3-37 所示,其连接的画法如图 3-38 所示。

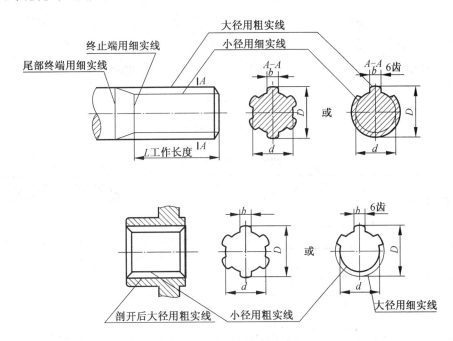

图 3-37　内、外花键的画法

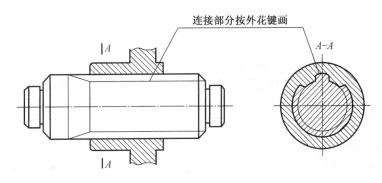

图 3-38　花键连接的画法

3.4.2 销

1. 销的形式和规定标记

销是标准件,销主要用于零件之间的定位,也可用于零件之间的连接,但只能传递不大的扭矩。常用的销有圆柱销、圆锥销和开口销等,如图 3-39 所示。圆柱销分为不淬硬钢奥氏体不锈钢(GB/T 119.1)和淬硬钢马氏体不锈钢(GB/T 119.2)两类,共有 A,B,C,D 4 种形式,靠微量的过盈固定在孔中,不宜经常拆卸。圆锥销分为 A(磨削)、B(车削或冷镦)两种形式,具有 1∶50 的锥度,小头直径为公称直径,其安装方便,多次拆卸对定位影响精度不大,应用较广。开口销常与六角开槽螺母配合使用,它穿过螺母上的槽和螺杆上的孔以防止螺母松动。它们的形式和标记如表 3-11 所示。

| (a) 圆柱销 | (b) 圆锥销 | (c) 开口销 |

图 3-39　常用的销

表 3-11　　　　　　　　　　　销的形式和规定标记

名称	图　　例	标记示例(说明)
圆柱销	≈15° $R=d$ C l d	销 GB/T 119.1—2000　8×30 (A 型,公称直径 $d=8$,长度 $l=30$)
圆锥销	1:50 R_1 R_2 d a l a	销 GB/T 117—2000 10×60 (A 型,公称直径 $d=10$,长度 $l=60$)
开口销	b l a c d	销 GB/T 91—2000　5×50 (公称直径 $d=10$,长度 $l=60$)

2. 销连接的画法

销连接的画法如图 3-40 所示,当剖切面通过销的轴线时,销按不剖绘制,轴取局部剖。另外,用销连接的两个零件上的销孔通常需要一起加工,因此,在图样中标注销孔尺寸时一般要注写"配作"。

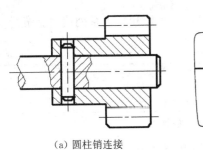
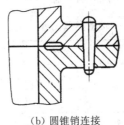
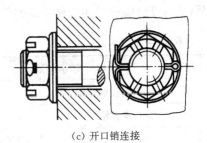

(a) 圆柱销连接　　　　　　(b) 圆锥销连接　　　　　　(c) 开口销连接

图 3-40　销连接的画法

3.4.3　滚动轴承

轴承主要用来支承轴及承受轴上的载荷,分为滚动轴承和滑动轴承两类。滚动轴承是标准件,由于结构紧凑,摩擦力小,能在较大的载荷、转速及较高精度范围内工作等优点,被广泛应用在机器、仪表等多种产品中。

1. 滚动轴承的结构、分类和代号

(1) 滚动轴承的结构和分类

滚动轴承的种类很多,但它们的结构相似,一般由外圈、内圈、滚动体(圆球形、圆锥形、鼓形、针形等)和保持架所组成,如图 3-41 所示。一般情况下,轴承外圈装在机座的孔内,内圈套在轴上,外圈固定不动而内圈随轴转动。滚动轴承按其受力方向可分为三类:

① 向心轴承:适用于承受径向载荷,如深沟球轴承。

② 推力轴承:适用于承受轴向载荷,如推力球轴承。

③ 向心推力轴承:适用于同时承受径向载荷和轴向载荷,如圆锥滚子轴承。

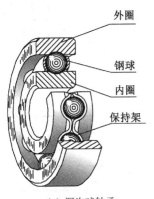
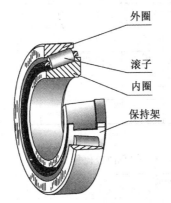
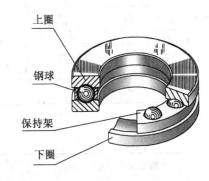

(a) 深沟球轴承　　　　　　(b) 圆锥滚子轴承　　　　　　(c) 推力球轴承

图 3-41　滚动轴承

(2) 滚动轴承的代号与标记

滚动轴承是一种标准件,它的结构特点、类型和内径尺寸等均采用代号来表示,轴承代号由前置代号、基本代号、后置代号构成。其中,基本代号是轴承代号的基础,前置代号、后置代号是补充代号。基本代号由轴承类型代号(表 3-12)、尺寸系列代号(表 3-13)和内径代号(表 3-14)构成,其中,尺寸系列代号由轴承的宽(高)度系列代号和直径系列代号组成。

表 3-12 轴承类型代号

代号	轴承类型	代号	轴承类型
0	双列角接触球轴承	6	深沟球轴承
1	调心球轴承	7	角接触球轴承
2	调心滚子轴承和推力调心滚子轴承	8	推力圆柱滚子轴承
3	圆锥滚子轴承	N	圆柱滚子轴承 (双列或多列用字母 NN 表示)
4	双列深沟球轴承	U	外球面球轴承
5	推力球轴承	QJ	四点接触球轴承

表 3-13 轴承尺寸系列代号

直径系列代号	向心轴承						推力轴承				
	宽度系列代号						宽度系列代号				
	8	0	1	2	3	4	5	6	7	9	1	2
	尺寸系列代号											
7	—	—	17	—	37	—	—	—	—	—	—	
8	—	08	18	28	38	48	58	68	—	—	—	
9	—	09	19	29	39	49	59	69	—	—	—	
0	—	00	10	20	30	40	50	60	70	90	10	—
1	—	01	11	21	31	41	51	61	71	91	11	—
2	82	02	12	22	32	42	52	62	72	92	12	22
3	83	03	13	23	33	43	53	63	73	93	13	23
4	—	04	—	24	—	—	—	—	74	94	14	24
5										95		

表 3-14 轴承内径代号

轴承公称内径 d/mm		内径代号
0.6~10(非整数)		用公称内径毫米数直接表示,在其与尺寸系列代号之间用"/"分开
1~9(整数)		用公称内径毫米数直接表示,对深沟球轴承和角接触球轴承 7,8,9 直径系列,内径与尺寸系列代号之间用"/"分开
10~17	10, 12, 15, 17	00, 01, 02, 03 分别表示轴承内径为 10, 12, 15, 17
20~480(22, 28, 32 除外)		公称内径除以 5 的商数,商数为个位数,需要在商数左边加"0",如 08
≥500 以及 22, 28, 32		用尺寸内径毫米数直接表示,但在与尺寸系列代号之间用"/"分开

现举例说明轴承基本代号的含义。

例如：圆锥滚子轴承 31307。

其中，"3"为轴承类型，表示圆锥滚子轴承。"13"表示尺寸系列代号，即宽度系列代号为1，直径系列代号为 3。"07"表示轴承内径的两位数字，从"04"开始用这组数字乘以 5，即为轴承内径的尺寸（单位为 mm）。在上例中 $d=07\times5=35$ mm，即为轴承内径尺寸。

规定标记为：滚动轴承　31307　GB/T 297—1994

2. 滚动轴承的画法

滚动轴承是标准件，不需要画零件图，在装配图中，可根据国家标准所规定的画法或特征画法表示。画图时，轴承内径 d、外径 d、宽度 B 等几个主要尺寸根据轴承代号查有关手册确定。

表 3-15 中列举了三种常用滚动轴承的画法及有关尺寸比例。

表 3-15　常用滚动轴承的画法

轴承类别	通用画法	特征画法	规定画法	装配示意
圆锥滚子轴承	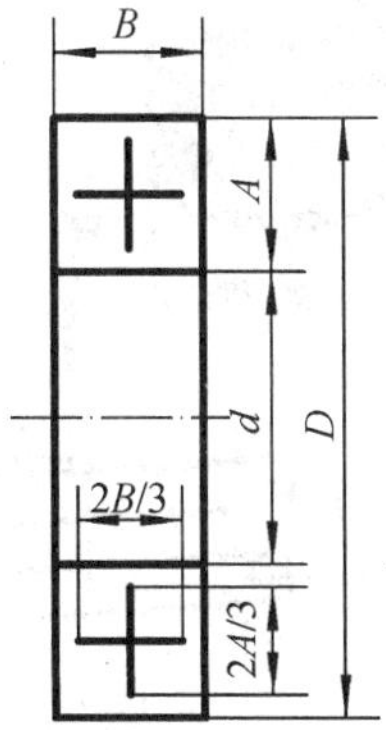	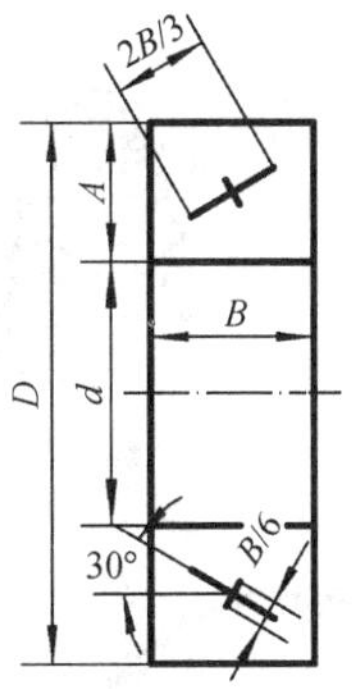	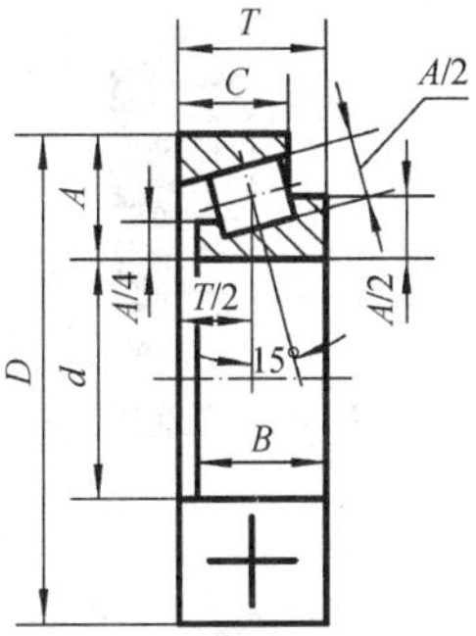	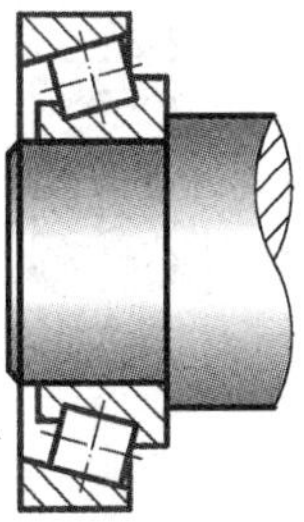
深沟球轴承		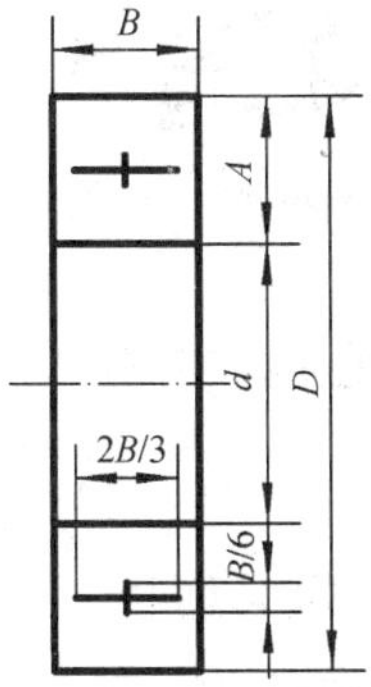	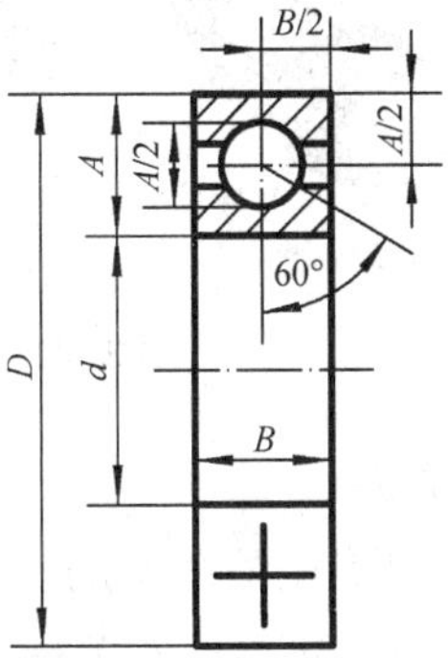	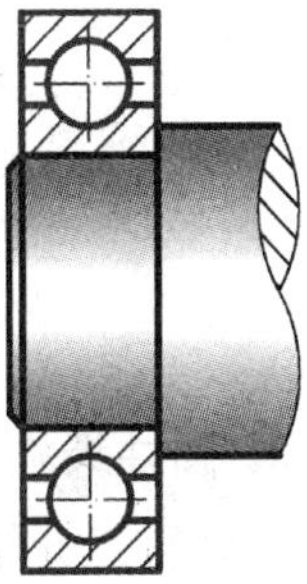
推力球轴承		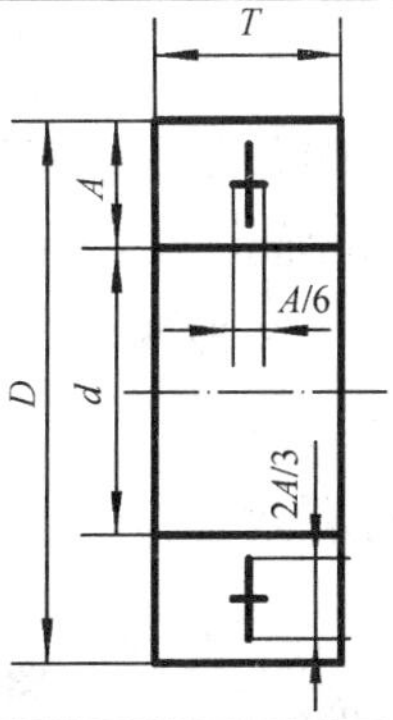	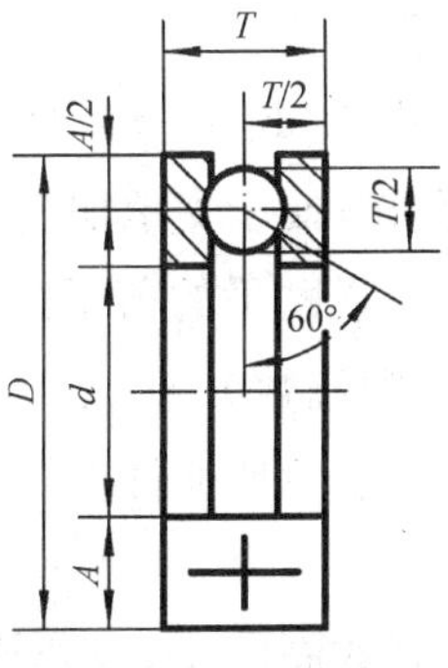	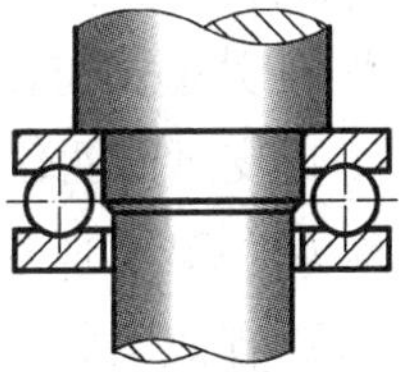

3.4.4 弹簧

1. 弹簧的用途和类型

弹簧是一种常用件,是一种能储存能量的零件,在机器、仪表和电器等产品中应用广泛。弹簧的种类很多,根据按外形与受力方向分,常见的有螺旋弹簧(根据形状分为圆柱螺旋和圆锥螺旋两种,根据受力分为压缩弹簧、拉伸弹簧和扭转弹簧三种)板弹簧、盘簧和碟形弹簧等,如图 3-42 所示。其中螺旋压缩弹簧工作时承受压力,具有抵抗和缓冲压力的作用。螺旋拉伸弹簧工作时承受拉力,用于机构的复位。螺旋扭转弹簧工作时承受扭力,就有抵抗扭曲的性能,常用于机构的夹紧。板弹簧工作时承受压力,主要用于减震,常见与汽车等运输装备的悬挂机构。碟形弹簧工作时承受压力,在冲击力较大的重型设备上应用较多。盘簧用于储存能量,在仪表仪器上使用较大。

(a) 圆柱螺旋压缩弹簧　　(b) 圆柱螺旋扭转弹簧　　(c) 圆锥螺旋压缩弹簧　　(d) 圆柱螺旋拉伸弹簧

(e) 板弹簧　　　　　　　(f) 盘簧　　　　　　　(g) 碟形弹簧

图 3-42　常见弹簧的种类

2. 圆柱螺旋压缩弹簧

本处重点介绍圆柱螺旋压缩弹簧的有关参数名称和画法,其他种类弹簧的画法,可参阅有关标准规定。

(1) 参数和尺寸关系

圆柱螺旋压缩弹簧由钢丝绕成,一般将两端并紧后磨平,使其端面与轴线垂直,便于支承如图 3-43 所示。

① 支承圈圈数 n_2:并紧磨平的若干圈不产生弹性变形称为支承圈,通常支承圈圈数 n_2 有 1.5, 2, 2.5 三种。

② 有效圈数 n:弹簧中参加弹性变形进行有效工作的圈数。

③ 总圈数 n_1: $n_1 =$ 有效圈数 $n +$ 支承圈数 n_2。

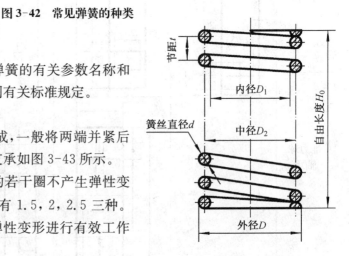

图 3-43　圆柱螺旋压缩弹簧的参数

④ 弹簧钢丝直径 d

⑤ 弹簧外径 D

⑥ 弹簧内径 D_1：$D_1 = D - 2d$

⑦ 弹簧中径 D_2：$D_2 = D - d$

⑧ 弹簧节距 t：除支承圈外，两相邻有效圈截面中心线的轴向距离，按标准选取。

⑨ 自由高度 H_0：弹簧并紧磨平后在不受外力情况下的全部高度。支承圈圈数 n_2 为 2.5 时，$H_0 = n \times t + 2d$。支承圈圈数 n_2 为 2 时，$H_0 = n \times t + 1.5d$。支承圈圈数 n_2 为 1.5 时，$H_0 = n \times t + d$。

⑩ 弹簧丝展开长度 L

$$L = n_1 \sqrt{(\pi D_2)^2 + t^2} \approx n_1 \pi D_2$$

（2）规定画法

弹簧的规定画法如下：

① 螺旋弹簧在平行于轴线的投影面上所得的图形，可画成视图，也可画成剖视图，如图 3-43 所示，其各圈的螺旋线应画成直线。

② 螺旋弹簧均可画成右旋，但对左旋的螺旋弹簧，一律要注出旋向"左"字。

③ 有效圈数在四圈以上时，可只画出两端的 1 到 2 圈，中间各圈可省略不画。省略中间各圈后，允许缩短图形长度，并将两端用细点画线连起来，如图 3-43 所示。

④ 弹簧画法实际上只起一个符号的作用，因此不论支撑圈是多少，均可按支承圈为 2.5 圈绘制。

（3）画法步骤

已知钢丝直径 d，弹簧外径 D，弹簧节距 t，有效圈数 n，支承圈数 n_2，右旋，画图步骤如下：

第一步，根据计算出的弹簧中径 D_2 及自由高度 H_0 画出矩形 $ABCD$，如图 3-44(a) 所示。

第二步，在 AB、CD 中心线上画出弹簧支承圈的圆，如图 3-44(b) 所示。

第三步，画出两端有效圈弹簧丝的剖面，在 AB 上，由点 1 和点 4 量取节距 t 得到两点 2，3，然后从线段 1，2 和 3，4 的中点作水平线与对边 CD 相交于两点 5，6；以点 1，2，3，5，6 为中心，以钢丝直径画圆，如图 3-44(c) 所示。

第四步，按右旋方向作相应圆的公切线，即完成作图，如图 3-44(d) 所示。图 3-44(e) 为剖视图。

（4）装配画法

在装配图中，被弹簧遮挡的结构一般不画出，可见部分应从弹簧的外轮廓线或从弹簧钢丝剖面的中心线画起，如图 3-45(a) 所示。当弹簧被剖切时，剖面直径或厚度在图形上等于或小于 2 mm，也可用涂黑表示，如图 3-45(b) 所示；也允许用示意画法，如图 3-45(c) 所示。

（5）零件图

圆柱螺旋压缩弹簧的零件图中，图形一般采用两个或一个视图表示，如图 3-46 所示。弹簧的参数应直接标注在图形上，当直接标注有困难时，可在"技术要求"中注明。当需要表明弹簧的机械性能时，可以在主视图的上方用图解方式表示，圆柱螺旋压缩弹簧的机械性能曲线画成了直线，即图中直角三角形的斜边，它反映了外力与弹簧变形之间的关系，代号 P_1、P_2 为工作负荷，P_j 为工作极限负荷。

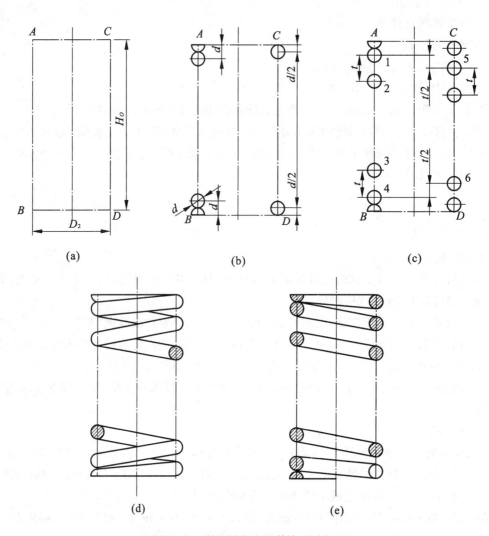

图 3-44 圆柱螺旋压缩弹簧画图步骤

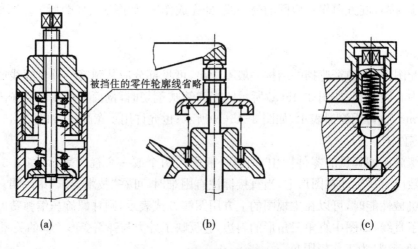

被挡住的零件轮廓线省略

(a)   (b)   (c)

图 3-45 装配图中弹簧画法

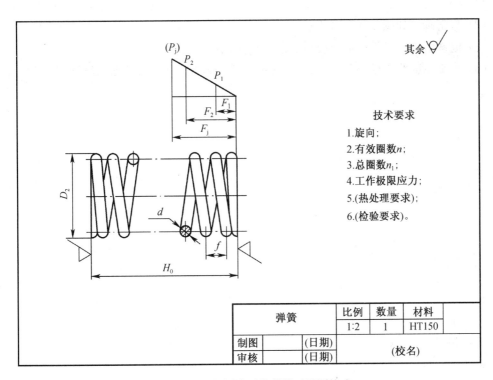

技术要求

1.旋向；
2.有效圈数n；
3.总圈数n_1；
4.工作极限应力；
5.(热处理要求)；
6.(检验要求)。

其余 ∨

弹簧	比例	数量	材料
	1:2	1	HT150
制图 (日期)			
审核 (日期)		(校名)	

图 3-46　圆柱螺旋压缩弹簧零件图格式

3. 其他弹簧的示意画法

（1）碟形弹簧一般按照外形轮廓画出，四束以上可只画两端，中间部分省略后用细实线画出轮廓范围，如图 3-47(a)所示。

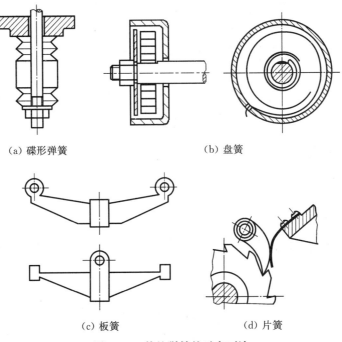

（a）碟形弹簧　　　　　（b）盘簧

（c）板簧　　　　　（d）片簧

图 3-47　其他弹簧的示意画法

（2）盘簧画法如图 3-47(b)所示。

（3）板簧由许多零件组成，允许按图 3-47(c)所示形式绘出。

（4）片簧厚度等于或小于 2 mm 时，无论是否被剖切，均用示意画法绘制，如图 3-47(d)所示。

零件图

任何一台机器或部件都是由多个零件装配而成的。表达一个零件结构形状、尺寸大小和加工、检验等方面要求的图样称为零件工作图,简称零件图。它是工厂制造和检验零件的依据,是设计和生产部门的重要技术资料之一。

4.1 零件图的内容

如图 4-1 所示的是虎钳支座的零件图。为了满足生产部门制造零件的要求,一张零件图必须包括以下几个方面的内容:

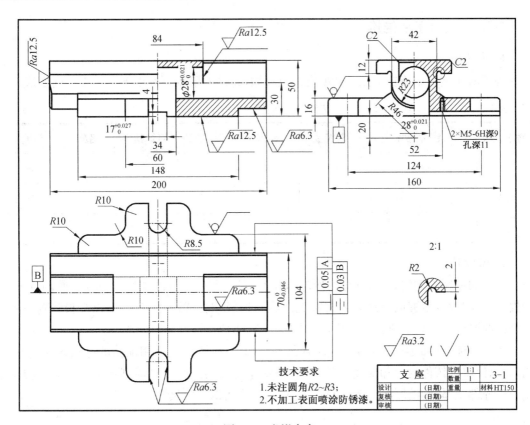

图 4-1　虎钳支座

1. 一组视图

唯一表达零件各部分的结构及形状。

2. 必要的尺寸

确定零件各部分的形状大小及相对位置的定形尺寸和定位尺寸,以及有关公差。

3. 技术要求

说明在制造和检验零件时应达到的一些工艺要求,如尺寸公差、形位公差、表面粗糙度、材料及热处理要求等。

4. 图框和标题栏

填写零件的名称、材料、数量、比例、图号、设计者、零件图完成的时间等内容。

4.2 零件上常见的工艺结构

绝大部分零件,都需要经过铸造、锻造、机械加工等过程制造出来。因此,设计零件不仅要考虑它在机器或部件中的作用,而且还要根据现有的生产水平,考虑铸造、锻造和机械加工的一些特点,使所绘制的零件符合铸造、锻造和机械加工的要求,以保证制造的零件质量好、产量高、成本低。下面分别介绍零件常见的铸造工艺结构和机械加工工艺结构的特点。

4.2.1 铸造工艺结构

1. 最小壁厚

为了防止金属熔液在未充满砂型之前就凝固,铸件的壁厚不应小于表 4-1 所列数值。

表 4-1   铸件的最小壁厚(不小于)   (mm)

铸造方法	铸件尺寸	灰铸铁	铸钢	球墨铸铁	可锻铸铁	铝合金	铜合金
砂型	$<200 \times 200$	5~6	8	6	5	3	3~5
	$200 \times 200 \sim 500 \times 500$	7~10	10~12	12	8	4	6~8
	$>500 \times 500$	15~20	15~20			6	

2. 壁厚均匀

铸件的壁厚不均匀时,各部分的冷却速度不一致,薄的部分冷却快,先凝固,厚的部分冷却慢,收缩时没有足够的金属熔液来补充。容易形成缩孔或产生裂纹,所以在设计铸件时,铸件的壁厚应尽量均匀或逐渐变化,如图 4-2(a)、(b)所示。

为了保证铸件的强度,不能单纯增加某一结构的壁厚,而应采用加肋的办法来保证壁厚均匀,以使整个铸件的冷却速度一致。内、外壁厚与肋的厚度设计原则通常是:内部壁厚应稍小于外部壁厚,肋的厚度为壁厚的 0.7~0.9。图 4-2(c)中尺寸 $a>b$。

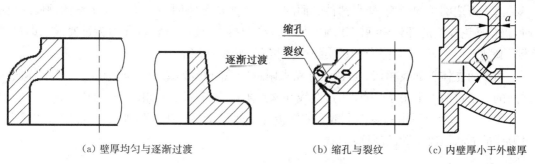

（a）壁厚均匀与逐渐过渡　　　　　（b）缩孔与裂纹　　　　（c）内壁厚小于外壁厚

图 4-2　壁厚

3. 拔模斜度

制造时为了能使木模顺利地从沙型中拔出，木模沿拔模方向要有一定的斜度，称为拔模斜度。因此，铸造零件中非加工的内外表面保留有拔模斜度，通常取 1∶10～1∶20，比较小，所以零件图中可以不必画出（图 4-3 所示）。

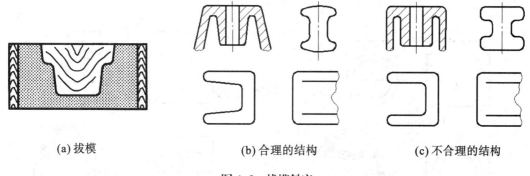

（a）拔模　　　　　　　（b）合理的结构　　　　　　（c）不合理的结构

图 4-3　拔模斜度

4. 铸造圆角

为防止起模时尖锐处产生应力集中，避免产生裂纹，夹沙、缩孔等缺陷，铸造时沙型在转弯处要做成圆角，称为铸造圆角，如图 4-4 所示。因此，铸造零件的非加工表面留有铸造圆角，同一铸件上的铸造圆角半径大致相等，铸造圆角半径一般小于 6 mm，在图上不必一一注出，可统一在技术要求中用文字注明，例如：“未注铸造圆角 $R3～R5$”。

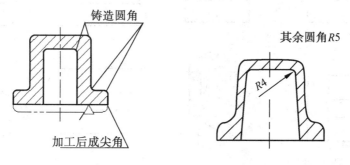

图 4-4　铸造圆角

5. 过渡线

由于铸造圆角的影响,使得铸件表面的相贯线变得不够明显。为了便于看图,画零件图时,仍按理论相交的部位用细实线画出其相贯线的投影,此时将相贯线称为过渡线。即过渡线只画到理论位置,不与图中的粗实线圆角相交,如图 4-5(a)、(b)所示。

两曲面立体轮廓线相切,过渡线在切点附近应该断开,如图 4-5(c)所示。3 个形体两两之间的 3 条过渡线汇集于一点时,过渡线在该点附近应当都断开如图 4-5(d)所示。

图 4-5(e)、(f)所示的零件上常见的肋板与平面相交时过渡线的画法,从图中可以看出,过渡线的形状取决于肋的断面形状。

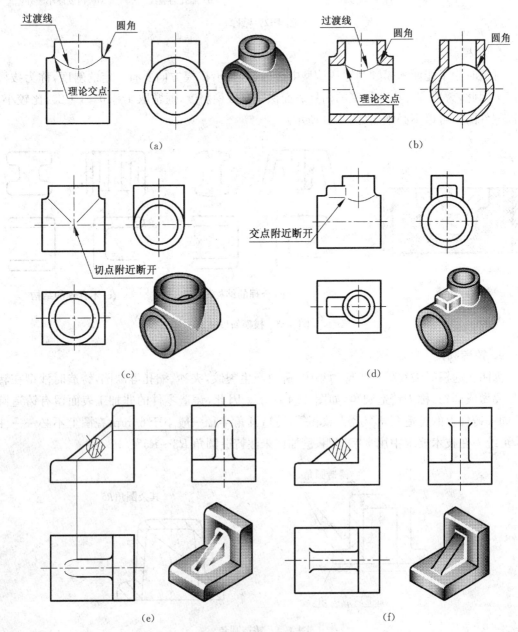

图 4-5 过渡线

4.2.2 机械加工工艺结构

1. 倒角和倒圆

一般零件经切削加工后会形成毛刺、锐边,为了避免毛刺、锐边伤人和便于装配,常在轴端或孔口加工成倒角或倒圆;为了避免应力集中而产生裂纹,常在轴肩转折处或孔的止口处加工成圆角,如图 4-6 所示。倒角和倒圆的尺寸可查阅有关标准。

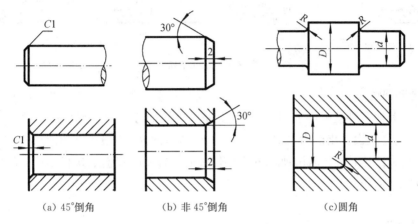

(a) 45°倒角　　　　(b) 非 45°倒角　　　　(c)圆角

图 4-6　倒角与倒圆

2. 退刀槽和砂轮越程槽

在加工螺纹、阶梯轴、或不通孔等结构时,为了方便刀具进入或退出,可预先车出退刀槽,如图 4-7 所示(a)、(b)所示。在磨削时,为了使沙轮能够磨到根部或磨削端部,常在待加工面的末端预先加工出砂轮越程槽,如图 4-7(c)所示。

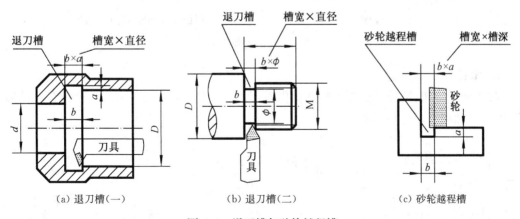

(a) 退刀槽(一)　　　　(b) 退刀槽(二)　　　　(c) 砂轮越程槽

图 4-7　退刀槽与砂轮越程槽

3. 钻孔结构

钻两个直径不同的孔时,往往先钻一个小孔,然后换大钻头钻大孔。因钻头头部锥度角约为 120°,用钻头钻孔时,要求钻头轴线尽量垂直于被钻孔的表面,还要尽可能避免钻头单边受力,以避免钻头折断和保证钻孔的准确,因此在倾斜面钻孔时,宜增设凸台和凹槽,如图

4-8 所示。

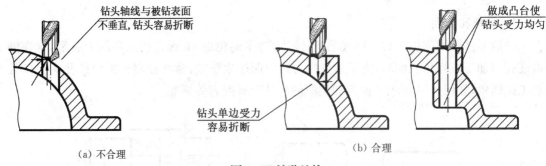

图 4-8　钻孔结构

4. 凸台和凹坑

零件凡与其他零件接触的表面,一般都要经过机械加工。为了减少加工面积,保证接触良好,常常在铸件上设计出凸台、凹坑。图 4-9(a)所示的为毛坯上预制出的安装螺栓或螺母接触面的凸台或凹坑,图 4-9(b)所示的为零件底面常采用的凹槽形式和轴孔的阶梯状设计,都是为减少加工面积。

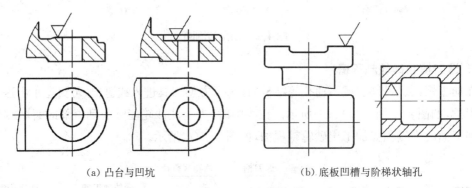

图 4-9　凸台和凹坑

5. 滚花

某些调节旋钮、调节手柄为了防止操作时打滑,常将头部加工出滚花。滚花有两种标准形式:直纹和网纹,如图 4-10 所示。

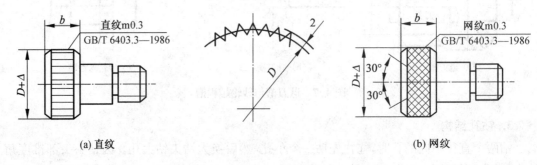

图 4-10　滚花

4.3 零件的表达

4.3.1 零件表达方案的选择

1. 主视图的选择

主视图是表达零件最主要的视图,主视图选择是否合理直接关系到看图、画图是否方便以及其他视图的选择,最终影响整个零件的表达方案。因此,在选择主视图时应考虑以下三个方面:

(1) 零件的加工位置

主视图的选择应尽量符合零件的主要加工位置(即零件在主要工序中的装夹位置)。这样便于工人加工时图物对照,如图 4-11(a)所示为按轴的加工位置确定的主视图。

(2) 零件的工作位置

主视图选择应尽量符合零件在机器或部件中的工作位置,如图 4-11(b)所示起重机吊钩,其主视图按工作位置绘制,这样以便于画图和读图。

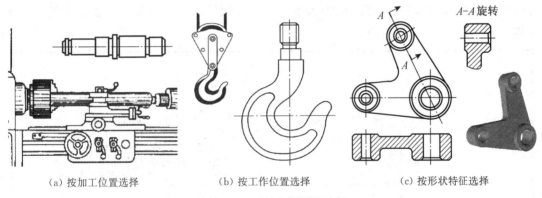

(a) 按加工位置选择　　　　(b) 按工作位置选择　　　　(c) 按形状特征选择

图 4-11　零件主视图的选择

(3) 零件的形状特征

对于一些工作位置不固定而加工位置又多变的零件(如某些运动零件),在选择主视图时,应以表示零件形状和结构特征以及各组成部分之间相互关系为主。如图 4-11(c)所示的摆杆,其主要视图反映了自身的组成部分及其各部分之间的相对位置。

2. 其他视图的选择

选择其他视图时,应以主视图为基础,按零件的自然结构特点,首先选用基本视图或在基本视图上取剖视,以表达主视图中尚未表达清楚的主要结构和主要形状,再用一些辅助视图(如局部视图、斜视图等),作为对基本视图的补充,以表达次要结构、细小部位或局部形状。采用局部视图或斜视图时应尽可能按投影关系直接配置在相关视图附近。

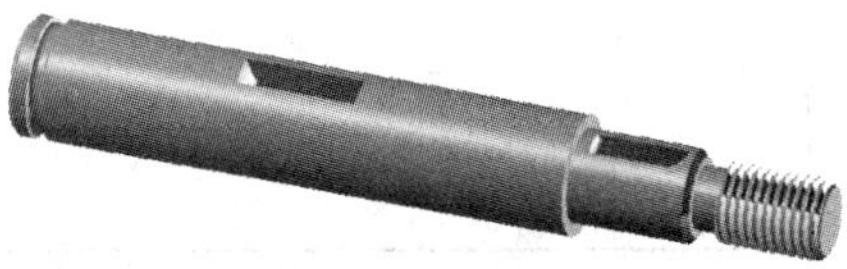

图 4-12　主动轴

下面分类加以说明。

4.3.2　典型零件的表达方法

1. 轴套类零件

（1）结构分析

这类零件的结构一般比较简单，各组成部分多是同轴线的不同直径的回转体（圆柱或圆锥），而且轴向尺寸大，径向尺寸相对小。这类零件一般起支承和传动零件的作用，因此常带有键槽、轴肩、螺纹及退刀槽、中心孔等结构。

（2）主视图的选择

这类零件常在车床、磨床上加工成形，选择主视图时，多按加工位置将轴线水平放置，以垂直轴线的方向作为主视图的投影方向。

（3）其他视图的选择

通常采用断面图、局部剖视图和局部放大图等表达方法表示键槽、退刀槽、中心孔等结构。

（4）实例分析

如图 4-12 所示的主动轴，各部分均为同轴线的圆柱体，并有键槽、螺纹与退刀槽等结构。如图 4-13 所示为主动轴的零件图，主视图取轴线水平放置，键槽朝上并取局部剖，以表达键槽的形状；键槽的深度用断面图表示，同时，使用了一个局部放大图表达左侧的详细结构。

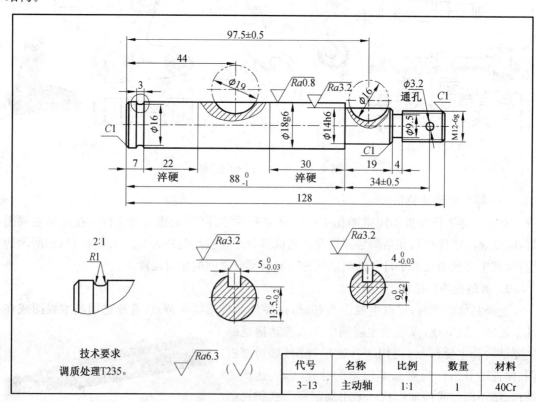

图 4-13　主动轴的零件图

2. 盘盖类零件

（1）结构分析

这类零件的主体结构也是同轴线回转体或其他平板形，且厚度方向的尺寸比其他两个方向的尺寸小，包括各种端盖、皮带轮、齿轮等盘状传动件。端盖在机器中起密封和支承轴、轴承或轴套的作用，往往有一个端面是与其他零件连接的重要接触面，因此，常设有安装孔、支承孔等；盘状传动件（如齿轮、皮带轮等）一般带有键槽，通常以一个端面与其他零件接触定位。

图 4-14　滚轮

（2）主视图的选择

同轴套类零件一样，盘盖类零件常在车床上加工成形，选择主视图时，按加工位置将轴线水平放置，主视图一般为通过轴线的剖视图，表示内部结构及其相对位置。

（3）其他视图的选择

有关零件的外形和各种孔、肋、轮辐等的数量及其分布状况，通常选用左（或右）视图来补充说明。如果还有细小结构，则还需增加局部放大图。

（4）实例分析

图 4-14 所示为滚轮，它的零件图如图 4-15 所示，选取滚轮的轴向为主视图，采用全剖以表达其中间轴孔和轮辐的结构形状，左视图表达滚轮径向端面的结构特征，并采用对称画法。

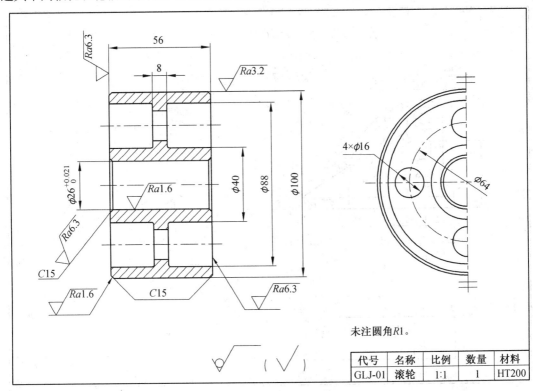

未注圆角R1。

代号	名称	比例	数量	材料
GLJ-01	滚轮	1:1	1	HT200

图 4-15　滚轮的零件图

3. 叉架类零件

（1）结构分析

这类零件的结构差异很大，结构按其作用可大致分为工作、支撑与连接三部分，并常有倾斜结构出现，多见于连杆、拨叉、支架、摇杆等，一般起连接、支承、操纵调节作用。

（2）主视图的选择

鉴于这类零件功用以及在机械加工过程中位置不大固定，因此选择主视图时，这类零件常以工作位置放置，并结合其主要结构特征来选择。

（3）其他视图的选择

因这类形状变化大，所以视图数量也有较大的伸缩性。它们的倾斜结构常用斜视图或斜剖视图来表示。安装孔、安装板、支承板、肋板等结构常采用局部剖和移出断面表示。

（4）实例分析

如图 4-16 所示的托架由弧形竖板、安装底板和轴承三部分组成，图 4-17 所示为托架零件图，主视图表达了弧形竖板、安装板、轴承和肋等结构间的相互关系及它们的形状。左视图采用 A-A 全剖视，主要表达竖板的厚度、竖板上安装孔、轴承孔及肋等结构。用 B 向局部视图表示安装底板的形状和两个安装孔的位置。用 C-C 移出断面表示竖板上圆弧形通孔，重合断面表示肋的断面形状。

图 4-16 托架

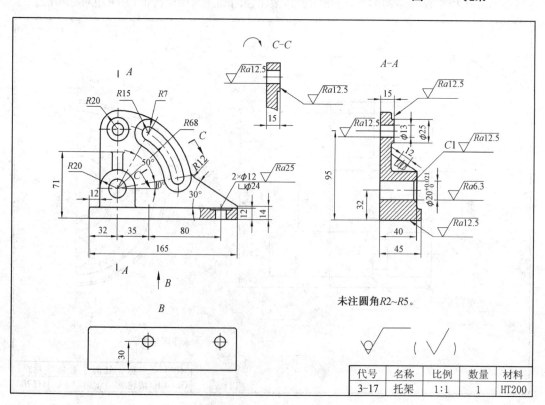

图 4-17 托架的零件图

4. 箱体类零件

（1）结构分析

箱体类零件是组成机器或部件的主要零件之一，其内、外结构形状一般都比较复杂，多为铸件。它们主要用来支承、包容和保护运动零件或其他零件，因此，这类零件多为有一定壁厚的中空腔体，箱壁上伴有支承孔和与其他零件装配的孔或螺孔结构；为使运动零件得到润滑与冷却，箱体内常存放有润滑油，因此，有注油孔、放油孔和观察孔等结构；为了使它与其他零件或机座装配在一起，这类零件有安装底板、安装孔等结构。

（2）主视图的选择

选择主视图时，这类零件常按零件的工作位置放置，以垂直主要轴孔中心线的方向作为主视图的投影方向，常采用通过主要轴孔的单一剖切平面、阶梯剖、旋转剖及全剖视图来表达内部结构形状；或者沿着主要轴孔中心线的方向作为主视图的投影方向，主视图着重表达零件的外形。

（3）其他视图的选择

对于主视图上未表达清楚的零件内部结构和形状，需采用其他基本视图或在基本视图上取剖视来表达；对于局部结构常用局部视图、局部剖视图、斜视图、断面等来表达。

（4）实例分析

图 4-18 所示的为减速箱体零件的结构分析图，该箱体可分为中空四棱柱腔体和带安装孔的方底板两部分，由于箱体的主要作用是支承轴，因此，在其四壁都有安装轴承的孔。为了润滑和冷却，腔体内存有油，所以壁上设有观察孔、放油孔；为了与箱盖、端盖装配、箱体的上端、四壁凸台均有装配螺孔；底板上有安装孔。

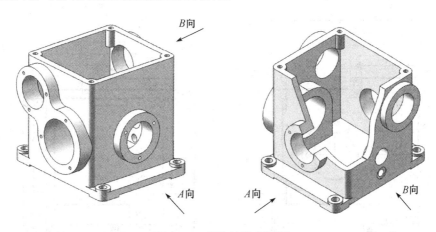

图 4-18 箱体结构分析图

图 4-19 所示为箱体零件图。沿蜗轮轴线方向作主视图的投射方向（图 4-18 所示 A 向）。主视图采用阶梯局部剖，主要表示锥齿轮轴轴孔和蜗杆轴右轴孔的大小以及蜗轮轴孔前、后凸台上螺孔的分布情况。左视图采用全剖，主要表达蜗杆轴孔与蜗轮轴孔之间的相对位置与安装油标和螺塞的内凸台形状。俯视图主要表达箱体顶部和底板的形状，并用局部剖表示蜗杆轴左轴孔的大小。采用 B-B 局部剖视表达锥齿轮轴孔内部凸台的形状。用 E-E 局部剖视表示油标孔和螺塞孔的结构形状。C 视图表达左面箱壁凸台的形状和螺孔位

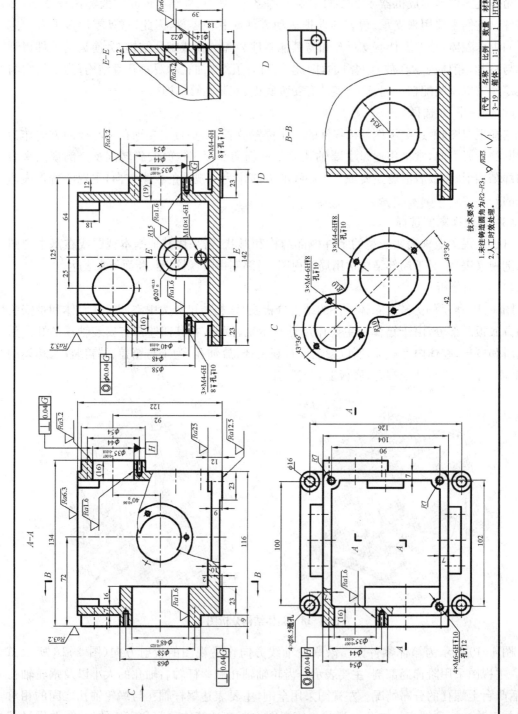

图 4-19　箱体的零件图

置,其他凸台和附着的螺孔可结合尺寸标注表达。D 视图表示底板底部凸台的形状。至此,箱体顶部端面和箱盖连接螺孔及底板上的四个安装孔没有剖切到,可结合标注尺寸确定其深度。

4.4 零件图的合理尺寸标注

零件图上所注的尺寸应当满足正确、完整、清晰和合理的要求。所谓合理,即标注的尺寸既要满足设计要求,又要满足工艺要求,换言之,既要保证零件在机器中的工作性能,又要使加工测量方便。要真正做到这一要求,需要一定的专业知识和生产实践经验,本节只简单介绍零件尺寸合理性的基本知识。

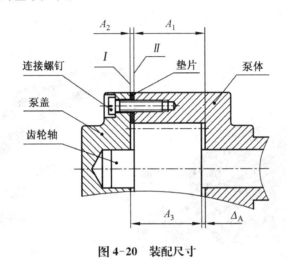

图 4-20 装配尺寸

4.4.1 主要尺寸、尺寸链

1. 主要尺寸和非主要尺寸

凡直接影响零件的使用性能安装精度的尺寸称为主要尺寸。主要尺寸包括零件的规格尺寸、有配合要求的尺寸、确定其他零件之间的相对位置的尺寸、连接尺寸、安装尺寸等,一般都注有公差。仅满足零件的机械性能、结构形状和工艺要求等方面的尺寸称为非主要尺寸。非主要尺寸包括外形轮廓尺寸、非配合要求的尺寸如壁厚、退刀槽、凸台、凹坑、倒角等,一般不注公差。

2. 装配尺寸链

图 4-20 所示为齿轮泵的局部装配示意图。为了更好地表达零件之间的尺寸联系,将垫片厚度 A_2 和轴线间隙 Δ_A 等夸张表示。沿轴线方向上的尺寸 A_1、A_2、A_3 和间隙尺寸 Δ_A 首尾连接,构成一个环状,反映着主动齿轮轴、泵体、垫片、泵盖各零件沿轴线的尺寸联系。这种确定部件中各零件间相对位置的组成尺寸,成为装配尺寸链。其中每一尺寸 A_1、A_2、A_3、Δ_A 均称为组成环,而间隙尺寸 Δ_A 是装配后自然形成的,为终结环,它的大小直接影响主动

齿轮轴的轴线窜动,关系到部件的使用性能和安装精度,因此,必须控制它的大小。由图 4-20 可以看出:Δ_A 的准确度受 A_1、A_2、A_3 准确度的影响,所以 A_1、A_2、A_3 自然成为相应零件泵体、垫片、主动齿轮轴的轴线主要尺寸了。

4.4.2　尺寸基准

标注尺寸的起点,称为尺寸基准,即用来确定其他几何元素位置的一组线、面。基准按其用途不同,为设计基准和工艺基准等两种。

1. 设计基准

用来确定零件在机器或部件中的准确位置,可通过分析各零件在部件中的作用和装配时的定位关系来确定,是设计零件首先要考虑的。依据图 4-21 所示蜗轮轴相关的结构,图 4-22 中分别指出了其径向基准和轴向的设计基准。

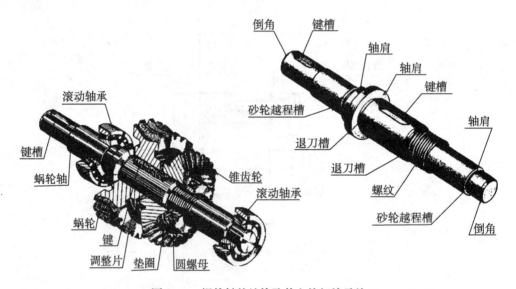

图 4-21　蜗轮轴的结构及其上的相关零件

2. 工艺基准

零件加工过程中在机床夹具中的定位表面或测量时的定位面,是为了加工和测量的方便而附加的基准。图 4-22 中分别指出了蜗轮轴径向和轴向工艺基准。

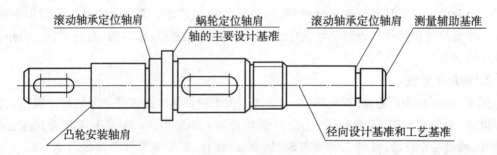

图 4-22　蜗轮轴径向、轴向主要基准和尺寸

3. 主要基准和辅助基准

每个零件都有长、宽、高三个方向（或轴向与径向）的尺寸，因此，每个方向至少要有一个基准。当某一方向上有若干个基准时，可以选择一个设计基准作为主要基准，其余的尺寸基准是辅助基准。如图 4-23 所示，减速器箱体的底面是安装面，以此作为高度方向的设计基准，加工各轴孔和其他平面，因此底面又是工艺基准。长度方向箱体左凸台为辅助基准，宽度方向选用前后对称面作为基准。

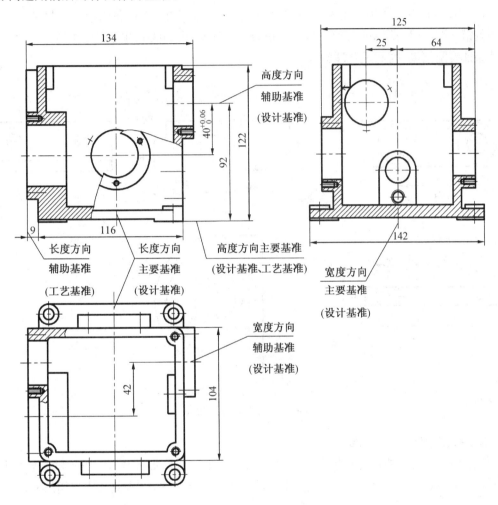

图 4-23 箱体的尺寸基准

4.4.3 尺寸基准的选择

合理地选择尺寸基准，是标注尺寸首先要考虑的重要问题。标注尺寸时应尽可能使设计基准和工艺基准重合起来，做到既满足设计要求，又满足工艺要求，但实际上往往不能兼顾设计和工艺要求，此时必须对零件的各部分结构的尺寸进行分析，明确哪些尺寸是主要尺寸，哪些是非主要尺寸；主要尺寸应从设计基准出发标注，以直接反映设计要求，能体现所设计零件在部件中的功能。非主要尺寸应考虑加工测量的方便，以加工顺序为依据，由工艺基准引出,以直接反映工艺要求,便于操作和保证加工测量。

4.4.4 零件图上标注尺寸时应注意几个问题

零件图上标注尺寸的一般原则是:为保证设计精度要求应先将主要尺寸直接标在零件图上。标注尺寸时应注意的几个问题如下:

1. 相关尺寸一致性

相互关联的零件之间的相关尺寸要一致,包括配合尺寸、轴向和径向定位尺寸,以避免发生差错。图 4-24 所示的活动钳口上的螺纹孔与钳口板上的孔的定位尺寸注法完全一致,容易保证装配精度,因此是合理的。

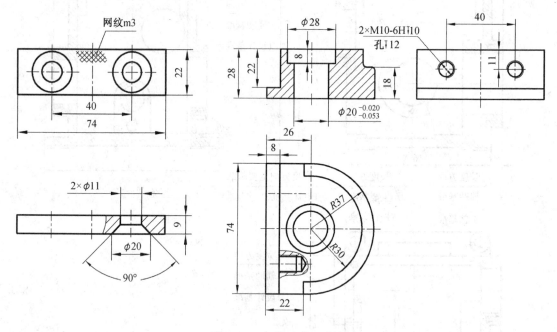

图 4-24 相关尺寸一致性

2. 避免注成封闭尺寸链

零件某一方向上的尺寸首尾相互连接,构成封闭尺寸链,如图 4-25 所示轴的轴向尺寸 b,c,d。标注尺寸时,应选择一个最不重要的尺寸 c 不予标注,以避免注成封闭尺寸链。

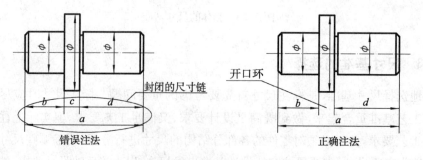

图 4-25 避免注成封闭尺寸链

3. 加工、测量方便

在满足零件设计要求的前提下,标注尺寸要尽量符合零件的加工顺序和方便测量,即尺寸应注在表示该结构最清晰的图形上,同一工序尺寸应尽量集中注写。如图 4-26 中 $\phi17$ 的定位尺寸 36 和宽度尺寸 4 集中注在同一视图上。

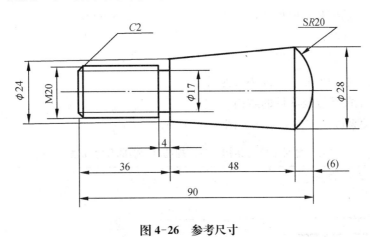

图 4-26　参考尺寸

有时为了避免现场计算,方便加工、下料,可加注参考尺寸。参考尺寸必须经过换算并加括号表示,如图 4-26 所示。

4. 加工面与非加工面的标注

对于铸造或锻造零件,同一方向上的加工面与非加工面应选择一个基准分别标注有关尺寸。并且两个基准之间只允许有一个联系尺寸。图 4-27(a)中零件的非加工面间由一组尺寸 M_1,M_2,M_3,M_4 相联系,加工面间由另一组尺寸 L_1,L_2,相联系。加工基准面与非加工基准面之间用一个尺寸 A 相联系。图 4-27(b)所示的尺寸标注是不合理的。

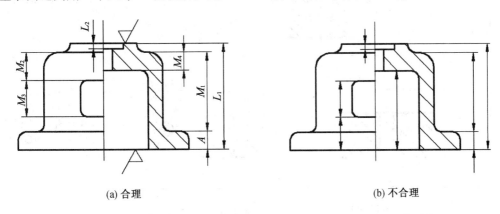

(a) 合理　　　　　　　　　　　　　　　　(b) 不合理

图 4-27　加工面与非加工面的标注

5. 零件上的标准结构按规定标注

零件上的标准结构,如螺纹、退刀槽、键槽、销孔、沉孔等,应查阅有关国家标准,按规定标注尺寸。表 4-2 所示的是零件上常见的各种不同形式和不同用途的光孔、螺孔、盲孔、沉孔等的画法及标注,零件上的倒角、倒圆、退刀槽的尺寸注法参考图 4-6、图 4-7 所示。

4.4.5　零件尺寸标注举例

在零件图上标注尺寸的一般步骤是：

① 分析装配关系以及零件的结构；

② 明确设计基准和主要尺寸；

③ 选择尺寸基准；

④ 按设计要求标注主要尺寸；

⑤ 按工艺要求和形体特征标注其他尺寸。

1. 分析装配关系以及零件的结构

分析装配关系以及零件的结构如图 4-21 所示。

表 4-2　零件上常见结构（光孔、螺孔、沉孔）的尺寸注法

零件结构类型		普通注法	旁注法	说明
光孔	不通孔	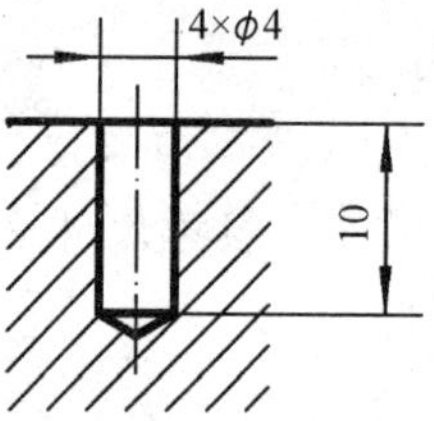 4×φ4 ▽10	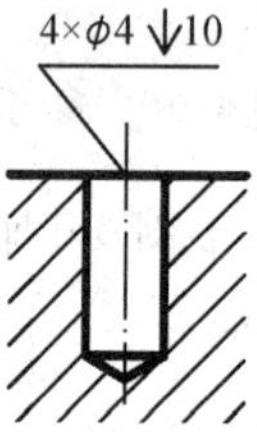 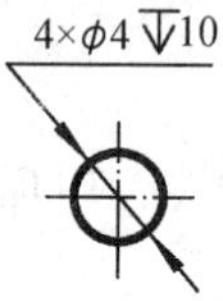 4×φ4 ↓10　4×φ4 ↓10	4×φ4 表示直径为 4，呈规律分布的 4 个光孔，孔深为 10
	锥销孔	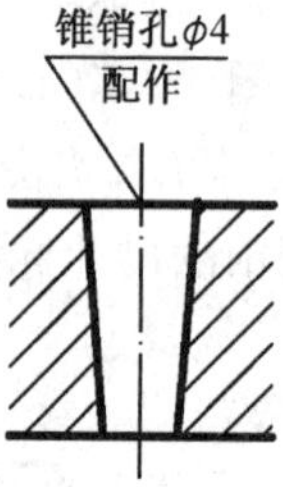 锥销孔φ4 配作	 锥销孔φ4 配作	φ4 表示与相配的圆锥的小头直径。锥销孔通常是相邻的两零件装配后一起加工的
螺纹孔	通孔	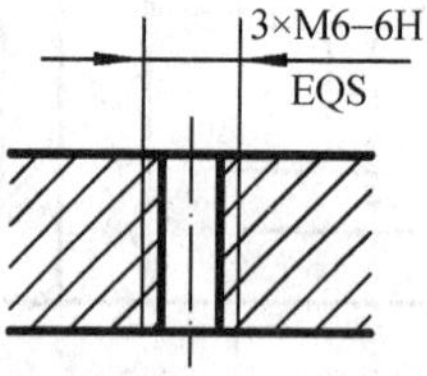 3×M6-6H EQS	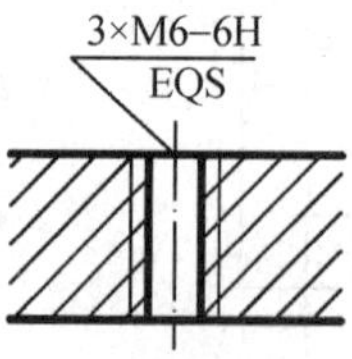 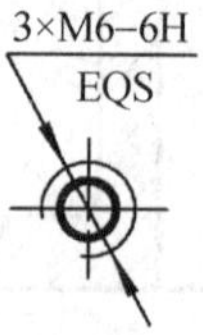 3×M6-6H EQS　3×M6-6H EQS	3×M6 表示大径为 6，呈规律分布的 3 个螺纹通孔，6H 代表螺纹的公差，EQS 代表均布
	不通孔	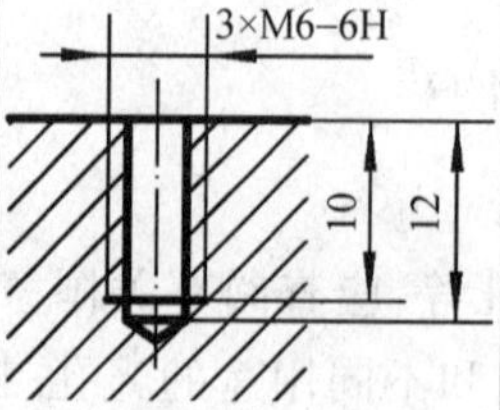 3×M6-6H	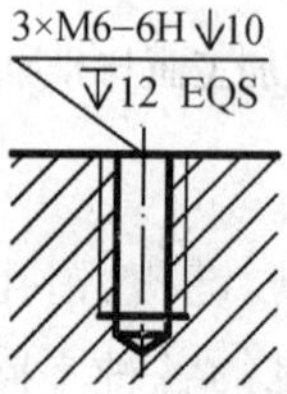 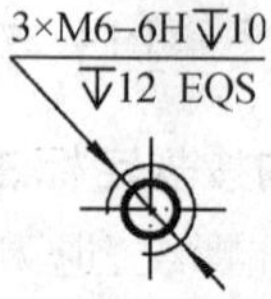 3×M6-6H ↓10 ↓12 EQS　3×M6-6H ↓10 ↓12 EQS	3 个螺纹不通孔，螺孔的有效深度为 10，钻孔深度为 12。"↓"符号代表深度

续表

零件结构类型		普通注法	旁注法	说明
	锪孔	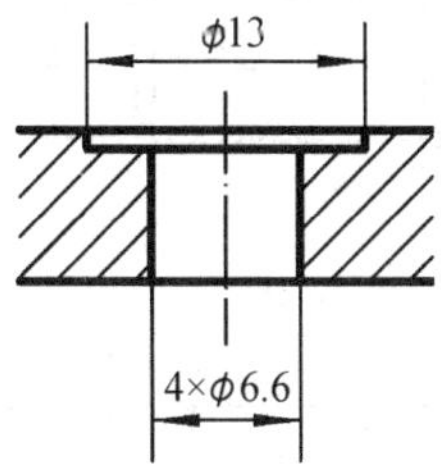 φ13 4×φ6.6	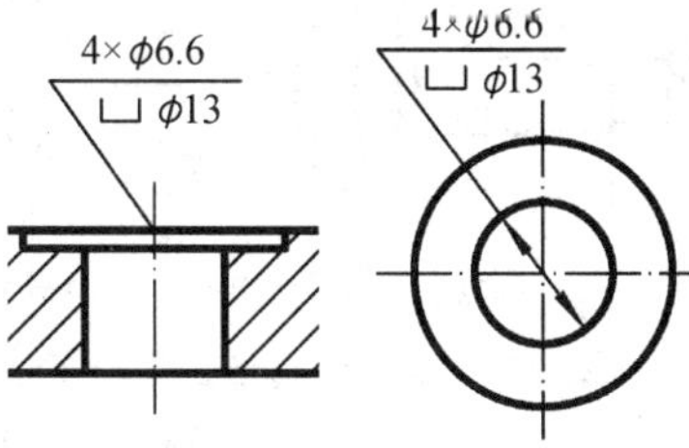 4×φ6.6 ⊔φ13 4×φ6.6 ⊔φ13	锪平孔φ13的的深度不需要标注,一般锪平到不出现毛面为止,"⊔"符号表示柱形孔状符号
沉孔	柱形沉孔	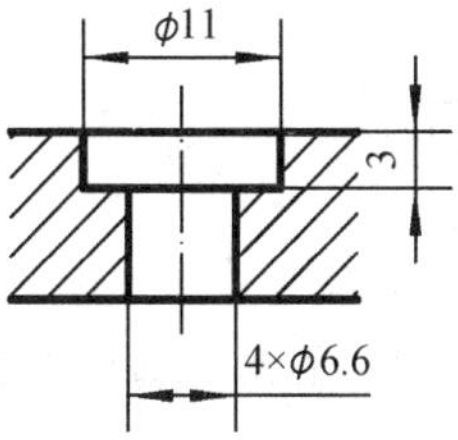 φ11 3 4×φ6.6	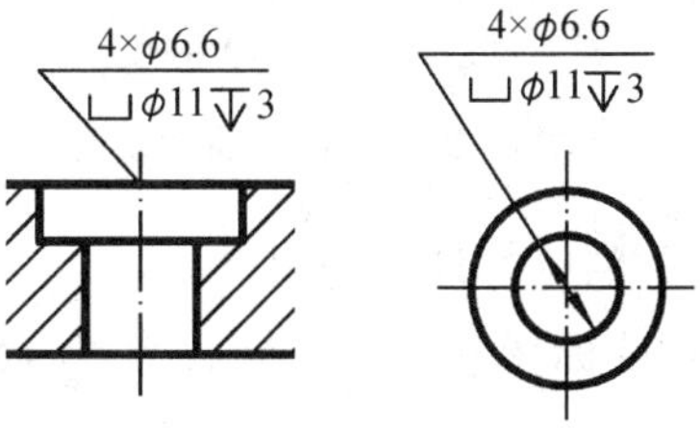 4×φ6.6 ⊔φ11▽3 4×φ6.6 ⊔φ11▽3	柱形孔φ11的的深度为3
	锥形沉孔	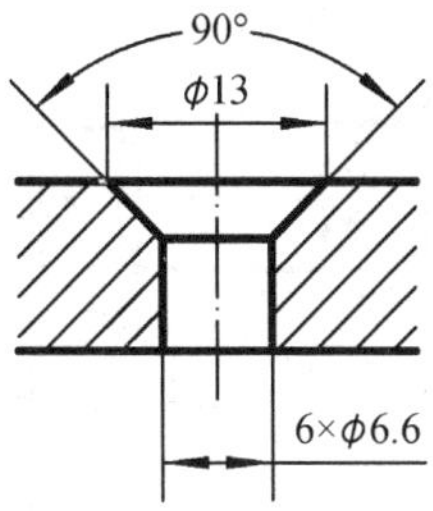 90° φ13 6×φ6.6	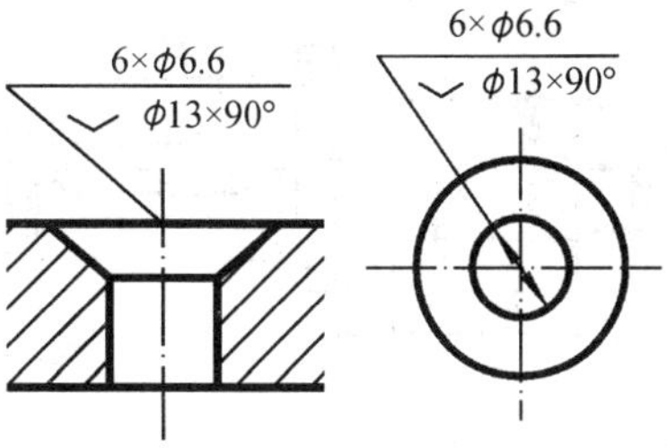 6×φ6.6 ∨φ13×90° 6×φ6.6 ∨φ13×90°	锥形孔大端的直径为φ13,"∨"符号表示锥形孔状符号

2. 明确设计基准和主要尺寸,选择尺寸基准

如图 4-22 所示,径向设计基准和工艺基准选择轴线;为了使蜗轮的对称平面与蜗杆的轴线在同一平面上,蜗轮的轴向位置要由蜗轮轴的轴肩来保证,所以选用轴上蜗轮的定位轴肩作为轴向尺寸的设计基准。

3. 按设计要求标注主要尺寸

按设计要求标注主要尺寸如图 4-28 所示。

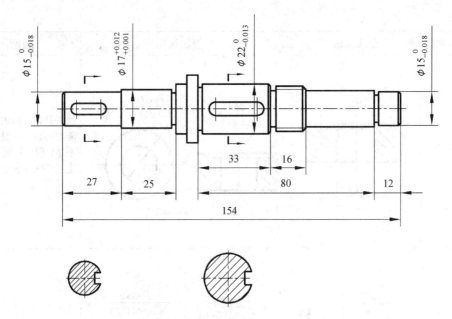

图 4-28   涡轮轴的主要尺寸的标注方案

4. 按工艺要求和形体特征标注其他尺寸

按工艺要求和形体特征标注其他尺寸最后检查、调整排布,完成后的尺寸标注如图 4-29 所示。

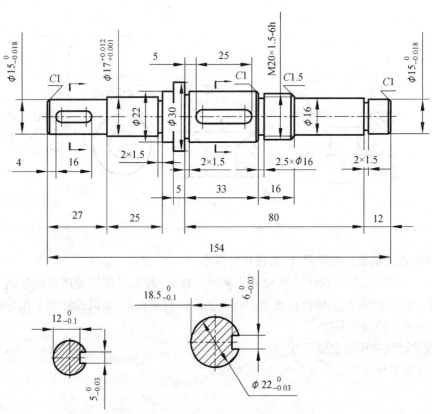

图 4-29   涡轮轴的总体尺寸标注方案

零件图的阅读

零件图是付诸生产实践的图样,因此,看零件图不仅需看懂零件的结构形状,还必须进行尺寸和技术要求的分析,从而明确零件的全部功能和质量要求,制定出加工零件的可行性方案。下面以图 4-30 蜗轮减速器箱体零件图为例,说明看零件图的一般方法和步骤。

4.5.1 概括了解零件

首先应从标题栏入手读图。从标题栏中的名称、比例、材料,可以分析零件的大概作用、类型、大小、材质等情况。如图 4-30 中标题栏的名称是蜗轮箱,材料为 HT200,比例为 1:2。由此可见,零件为支承蜗轮、蜗杆的箱体零件,是用灰铸铁铸造且经过机械加工而成的。

除了看标题栏以外,还应尽可能参看装配图及相关的零件图,进一步了解零件的功能以及它与其他零件的关系。

4.5.2 分析视图、剖析结构

分析视图时首先应确定主视图并弄清主视图与其他视图的投影关系,明确各视图采用的表达方法,从而明确各视图所表达零件的结构特点。分析视图还必须采用由大到小,从粗到细的形体分析方法。首先明确零件的主体结构,然后进行各部分的细致分析,深入了解和全面掌握零件各部分的结构形状,想象出视图所反映的零件形状。

图 4-30 所示,在蜗轮箱的零件图中,其左视图反映箱体的工作位置,采用全剖视的表达方法,主要表达箱体的内部结构和蜗轮、蜗杆支承孔之间的相对位置。而主视图采用半剖视的表达方法。俯视图主要表达零件各部分外观基本布局及支承结构。结合这三个主要的基本视图,可以将该箱体分成三部分:一是上部为内腔 $\phi110$ 和 $\phi92$、外形直径为 $\phi128$ 和 $\phi80$ 的两阶梯圆柱体,此腔体包容蜗轮,左视图左端 $\phi50H7$ 孔为支承蜗轮轴的轴承部位;二是中部为内腔 $\phi40$、外形为 $\phi40$ 的圆柱体,其轴线与上部轴线交叉垂直,此腔体包容蜗杆,主视图左右两端 $\phi40S7$ 孔为支承蜗杆轴的轴承部位;三是下部为矩形平板,是蜗轮减速器的安装结构。经过这样分析,就大致明确了箱体的主要结构,对于其他结构还需进一步分析。例如:主、左视图上均布的三处螺纹孔,均为与其他零件的连接结构;俯、左视图中矩形平板上对称分布的孔状结构以及主、左视图中矩形平板上的通槽为零件的安装固定结构。通过以上分析,可以得到蜗轮箱的各部分结构特点。

4.5.3 尺寸分析

尺寸是零件图的灵魂,看图时结合零件的尺寸,可以加快看图的速度,例如:ϕ 不论标注在圆或非圆的视图上都可以确定是圆形结构。下面以图 4-30 所示零件图来分析看图时零件尺寸的作用。

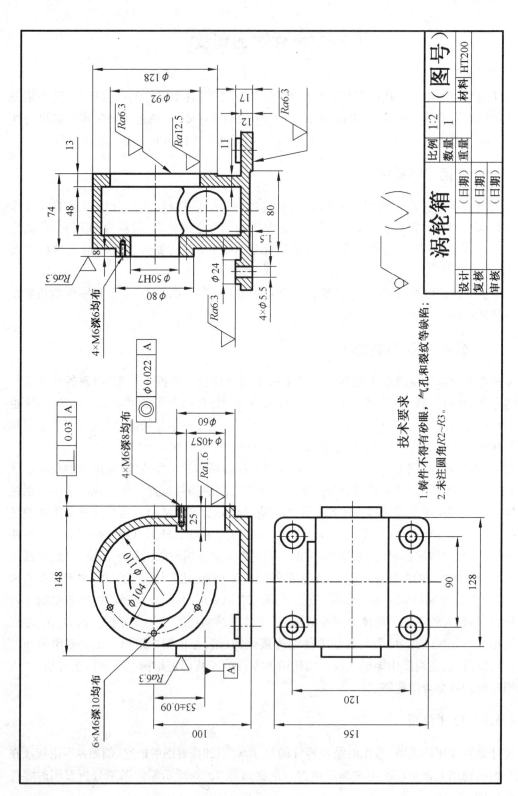

技术要求

1. 铸件不得有砂眼、气孔和裂纹等缺陷；

2. 未注圆角R2~R3。

涡轮箱

比例	1:2		（图号）
数量	1		
重量		材料	HT200
设计		（日期）	
复核		（日期）	
审核		（日期）	

图 4-30　涡轮箱零件图

1. 尺寸基准分析

由主、俯视图可知箱体的对称平面是长度方向的主要尺寸基准；而从主、左视图可知，宽度方向的主要尺寸基准是零件的前后对称平面，结合主视图半剖的表达方法，可知箱体左右均有ϕ40S7 的支承孔，是通孔；结合主、左视图可知，高度方向的主要尺寸基准是箱体的底面，而蜗轮腔的中心轴线是辅助设计基准，从这个基准出发，标注蜗轮、蜗杆的中心距，能确保蜗轮、蜗杆的正常运行。

2. 分析主要尺寸和非主要尺寸

为保证蜗轮、蜗杆准确的啮合和传动，主要尺寸有：上、下轴孔中心距 53 ± 0.09，轴孔中心高 100 以及各支承孔ϕ50H7、ϕ40S7 等。标有主要尺寸的结构是零件上的重要结构，应给于重视。另外，一些安装尺寸如底板上的 120、90 和大圆柱的前端面ϕ128 上的螺孔的定位尺寸ϕ104 等，其精度虽要求不高，也是主要尺寸，因为它们是保证该零件与零件准确装配连接的尺寸，也应该重视。

4.5.4 技术要求分析

技术要求的分析包括尺寸公差、形位公差、表面粗糙度及技术要求说明，它们都是零件图的重要组成部分。阅读零件图时也要认真进行分析。

经过上述读图过程，对零件的形状、结构特点及其功用、尺寸有了较深刻的认识，然后结合有关技术资料、装配图和相关零件就可以真正读懂一张零件图样。

第5章 零件的技术要求

在零件图中,除视图和尺寸外,技术要求也是一项重要的内容,它主要反应对零件的技术性能和质量的要求,零件图上应注写的技术要求主要有尺寸公差、几何公差、表面粗糙度、零件材料的选用与要求、有关热处理和表面处理的说明等。

5.1 表面粗糙度

本节相关内容以《产品几何量技术规范(GPS)表面结构——轮廓法》(GB/T 3505—2000)和《产品几何技术规范(GPS)技术产品文件中表面结构的表示法》(GB/T 131—2006)相关规定为主要依据。

5.1.1 表面粗糙度的概念

表面粗糙度是表示零件表面质量的重要指标之一。零件经过加工以后,看似光滑表面,如果用放大镜观察,就会看到凹凸不平的峰谷,如图 5-1 所示。零件表面上所具有的这种微观几何形状误差以及不平程度的特性称为表面粗糙度。它是由于刀具与加工表面的摩擦、挤压以及加工时高频振动等方面的原因产生的。表面粗糙度对零件的工作精度、耐磨性、密封性乃至零件之间的配合都有直接的影响。因此,恰当地选择零件表面的粗糙度,对提高零件的工作性能和降低生产成本都具有重要的意义。

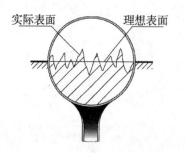
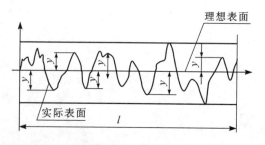

图 5-1　表面粗糙度的概念

5.1.2 表面粗糙度的主要参数

通常评定表面粗糙度的参数为 R_a（轮廓算术平均偏差）和 R_z（微观不平度 10 点平均高度）。

R_a 是指在取样长度 l 内轮廓偏距（指测量曲面上轮廓线上的点至基准线之间的距离）绝对值的算术平均值。可表示为

$$R_a = \frac{L}{l} \int_0^l \mid y(x) \mid \mathrm{d}x$$

或者近似地表示为

$$R_a = \frac{L}{n} \sum_{i=1}^n \mid Y_i \mid$$

式中　Y_i——峰谷任一测点到基准线的偏距；

　　　n——被测的点数。

R_z 是指在取样长度内，轮廓最高峰顶线和最低谷底线之间的距离。

评定表面粗糙度的参数，实际使用时可同时选定其中两项，也可只选一项。通常选用 R_a。关于表面粗糙度 R_a 参数值与加工表面特性的关系及应用举例可参考表 5-1。

表 5-1　　　　　　　　　　　表面粗糙度获得的方法及应用举例

表面粗糙度		表面外观情况	获得方法举例	应用举例
$R_a/\mu\mathrm{m}$	名　称			
	毛　面	除净毛口	铸、锻、轧制等经清理的表面	如机床床身、主轴箱、溜板箱、尾架体等未加工表面
50	粗　面	明显可见刀痕	毛坯经粗车、粗刨、粗铣等加工方法所获得的表面	一般的钻孔、倒角、没有要求的自由表面
25		可见刀痕		
12.5		微见刀痕		
6.3	半光面	可见加工痕迹	精车、精刨、精铣、刮研和粗磨	支架、箱体和盖等的非配合表面，一般螺栓支承面
3.2		微见加工痕迹		箱、盖、套筒要求紧贴的表面，键和键槽的工作表面
1.6		看不见加工痕迹		要求有不精确定心及配合特性的表面，如轴承配合表面、锥孔等
0.8	光　面	可辨加工痕迹方向	金刚石车刀车、精铰、拉刀和压刀加工、精磨、珩磨、研磨、抛光	要求保证定心及配合特性的表面，如支承孔、衬套、胶带轮工作面
0.4		微辨加工痕迹方向		要求能长期保证规定的配合特性的、公差等级为 7 级的孔和 6 级的轴
0.2		不可辨加工痕迹方向		主轴的定位锥孔，$d<20\ \mathrm{mm}$ 淬火的精确轴的配合表面

5.1.3 表面粗糙度符号

1. 表面粗糙度符号及意义（表 5-2）

表 5-2　　　　　　　　　　　　表面粗糙度符号及意义

符号	意义及说明
√	基本符号,表示该表面粗糙度可用任何加工方法获得,当不加注粗糙度参数值或有关说明(例如:表面处理、局部热处理状况等)时,仅用于简化标注
√	基本符号加一短划,表示该表面粗糙度必须用去除材料的方法获得;例如:车、铣、钻、磨、刨、腐蚀、电火花加工、气割等
⊘√	基本符号加一小圆,表示该表面粗糙度必须用不去除材料的方法获得;例如:铸、锻、冲压、热轧、冷轧、粉末冶金等,或是保持原供应状况的表面(包括保持上道工序的状况)
⊘√　⊘√	三种符号上加一小圆,表示所有表面具有相同的表面粗糙度要求

2. 表面粗糙度符号的画法（图 5-2）

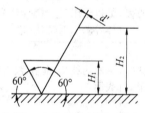

图 5-2　表面粗糙度符号的画法

注:$H_2 = 2h$, $H_1 = 1.4h$, $d' = h/10$, h 为字高

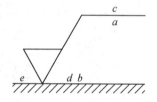

图 5-3　表面粗糙度补充要求的注写位置

3. 表面粗糙度补充要求的注写位置（图 5-3）

位置 a——注写表面结构的单一要求(完整格式为:传输带或取样长度/评定长度值/表面结构参数代号取值)。

位置 c——加工要求、镀覆、涂覆、表面处理或其他说明。

位置 b——注写第二个表面结构要求。若需注写第三个或者更多,图形符号应在垂直方向扩大。

位置 d——加工纹理方向符号(如 $= X$, M)。

位置 e——加工余量(单位为 mm)。

举例 5-3 所示:

表 5-3   表面粗糙度的代号注写示例

代号	意 义
$\sqrt{}$ $Ra\ 6.3$	常见标注,用去除材料的方法获得的表面,Ra 的上限值为 6.3 μm
$\bigcirc\!\!\!\sqrt{}$ $Ra\ 12.5$	常见标注,用非去除材料的方法获得的表面,Ra 的上限值为 12.5 μm
$\sqrt{}$ 0.002 5-08/Rz 3.2	必须用不去除材料的方法获得的表面,传输带短波滤波器 0.002 5,长波滤波器 0.8,Rz 的上限值为 3.2 μm
铣 $\sqrt{}$ $Ra\ 0.8$ $\perp$ $Rz\ 3.2$	必须用去除材料的方法获得的表面,加工工艺为铣,表面纹理方向垂直于视图所在投影面,表面结构的第一要求为 Ra 的上限值为 0.8 μm,表面结构的第一要求为 Rz 的上限值为 3.2 μm

5.1.4 表面粗糙度标注方法

表面粗糙度代号每个表面一般只标注一次。

（1）标注方向

在零件表面上必须从材料外指向被加工表面。直接标注在零件表面时水平标注或沿着水平方向逆时针旋转 90°（竖直方向）标准,其他位置一律引注。如图 5-4 所示。

（2）标注位置

① 轮廓线及其延长线；

② 特征尺寸的尺寸线上；

③ 可用引出线引出标注；

④ 形位公差框格上,如图 5-5 所示。

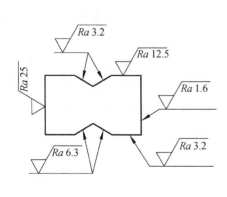

图 5-4   表面粗糙度的标注方向

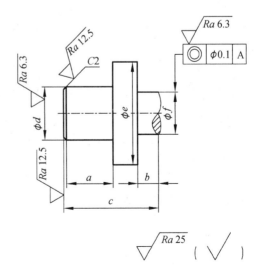

图 5-5   表面粗糙度的标注举例(一)

（3）标注要求

① 相同时统一外注在标题栏附近，如图 5-5 所示；

② 同一或连续表面只标一次；

③ 同一表面不同要求可分开注，如图 5-6 所示。

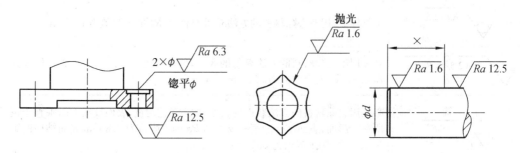

图 5-6　表面粗糙度的标注举例（二）

5.2　尺寸公差（极限）

5.2.1　零件的互换性

在制成的相同规格的一批零件或部件中，不需任何挑选、修配或再调整，就可装在机器（或部件）上，并且能达到规定的使用性能要求（如：工作性能、零件间配合的松紧程度等），这种性质称为零件互换性。具有上述性质的零部件称为具有互换性的零部件。由于互换性原则在机器制造中的应用，大大简化了零件、部件的制造和装配，使产品的生产周期显著缩短，这样不但提高了劳动生产率，降低了生产成本，便于维修，而且也保证了产品质量的稳定性。

公差与配合是实现互换性的基础，是尺寸标注中的一项重要技术要求。在零件的加工过程中，由于机床精度、刀具磨损、测量误差等因素的影响，不可能把零件的尺寸做得绝对准确，必然会产生误差。为了保证互换性和产品质量，可将零件尺寸的加工误差控制在一定的范围内，规定出尺寸的变动量，这个允许的尺寸变动量就称为尺寸公差，简称公差。而零件尺寸允许的限定值称为极限。

5.2.2　相关的术语

1. 基本尺寸

设计时给定的尺寸。

2. 实际尺寸

零件制成后实际测量得到的尺寸。

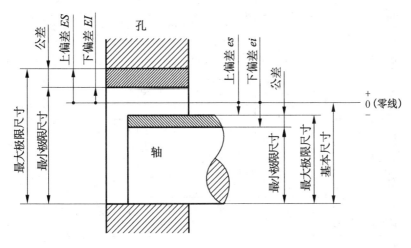

图 5-7 公差(极限)示意图

3. 极限尺寸

允许尺寸变化的两个界限值。它以基本尺寸为基数来确定,两个界限值中较大的一个称为最大极限尺寸,较小的一个称为最小极限尺寸。

4. 尺寸偏差(简称偏差)

某一尺寸与基本尺寸的代数差。极限尺寸与基本尺寸的代数差称为极限偏差,有上偏差和下偏差。

上偏差＝最大极限尺寸－基本尺寸。

下偏差＝最小极限尺寸－基本尺寸。

国家标准规定用代号 ES、EI 分别表示孔的上、下偏差,用代号 es、ei 分别表示轴的上、下偏差。偏差的数值可以是正值、负值或零。

5. 尺寸公差(简称公差)

允许尺寸的变动量。

公差＝最大极限尺寸－最小极限尺寸＝上偏差－下偏差。

公差是一个没有正负号的绝对值,也不能为零。

6. 零线

在极限与配合图解中,用以确定偏差的一条基准直线,称为零线。通常零线表示基本尺寸,如图 5-7、5-8 所示。

7. 尺寸公差带(简称公差带)和公差带图

以基本尺寸为零线,用适当比例画出两极限偏差,以表示尺寸允许变动的界限和范围,称为公差带图。在公差带图中,由代表上、下偏差或最大、最小极限尺寸的两条直线限定一个区域。这个区域称为公差带,它由公差带大小(标准公差等级)和其相对零线位置来(基本偏差)确定,如图 5-8 所示。

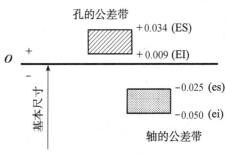

图 5-8 公差带图

表 5-4 标准公差数值

基本尺寸/mm		标准公差等级																
大于	至	IT1	IT2	IT3	IT4	IT5	IT6	IT7	IT8	IT9	IT10	IT11	IT12	IT13	IT14	IT15	IT16	IT17	IT18
		/μm											/mm						
—	3	0.8	1.2	2	3	4	6	10	14	25	40	60	0.1	0.14	0.25	0.4	0.6	1	1.4
3	6	1	1.5	2.5	4	5	8	12	18	30	48	75	0.12	0.18	0.3	0.45	0.75	1.2	1.8
6	10	1	1.5	2.5	4	6	9	15	22	36	58	90	0.15	0.22	0.36	0.58	0.9	1.5	2.2
10	18	1.2	2	3	5	8	11	18	27	43	70	110	0.18	0.27	0.43	0.7	1.1	1.8	2.7
18	30	1.5	2.5	4	6	9	13	21	33	52	84	130	0.21	0.33	0.52	0.84	1.3	2.1	3.3
30	50	1.5	2.5	4	7	11	16	25	39	62	100	160	0.25	0.39	0.62	1	1.6	2.5	3.9
50	80	2	3	5	8	13	19	30	46	74	120	190	0.3	0.46	0.74	1.2	1.9	3	4.6
80	120	2.5	4	6	10	15	22	35	54	87	140	220	0.35	0.54	0.87	1.4	2.2	3.5	5.4
120	180	3.5	5	8	12	18	25	40	63	100	160	250	0.4	0.63	1	1.6	2.5	4	6.3
180	250	4.5	7	10	14	20	29	46	72	115	185	290	0.46	0.72	1.15	1.85	2.6	4.6	7.2
250	315	6	8	12	16	23	32	52	81	130	210	320	0.52	0.81	1.3	2.1	3.2	5.2	8.1
315	400	7	9	13	18	25	36	57	89	140	230	360	0.57	0.89	1.4	2.3	3.6	5.7	8.9
400	500	8	10	15	20	27	40	63	97	155	250	400	0.63	0.97	1.55	2.5	4	6.3	9.7
500	630	9	11	16	22	32	44	70	110	175	280	440	0.7	1.1	1.75	2.8	4.4	7	11
630	800	10	13	18	25	36	50	80	125	200	320	500	0.8	1.25	2	3.2	5	8	12.5
800	1 000	11	15	21	28	40	56	90	140	230	360	560	0.9	1.4	2.3	3.6	5.6	9	14
1 000	1 250	13	18	24	33	47	66	105	165	260	420	660	1.05	1.65	2.6	4.2	6.6	10.5	16.5

8. 标准公差和公差等级

国家标准规定的、用于确定公差带大小的任一公差称为标准公差。标准公差用大写字母 IT 表示。标准公差数值由基本尺寸和公差等级所决定。公差等级表示尺寸的精确程度。国家标准将公差等级分为 20 级,即 IT01,IT0,IT1,IT2,…,IT18。后面的阿拉伯数字表示公差等级。从 IT0 至 IT18,尺寸的精度依次降低,而相应的标准公差数值依次增大。IT01～IT12 用于配合尺寸,IT12～IT18 用于非配合尺寸。基本尺寸至 1 000 mm 的标准公差数值如表 5-4 所示。

9. 基本偏差

基本偏差是国家标准规定的用于确定公差带相对于零线位置的上偏差或下偏差,一般指靠近零线的那个极限偏差。当公差带位于零线上方时,基本偏差为下偏差;当公差带位于零线的下方时,基本偏差为上偏差。国家标准对孔和轴各规定了 28 个基本偏差,它们的代号用拉丁字母表示,大写字母表示孔;小写字母表示轴,如图 5-9 所示。

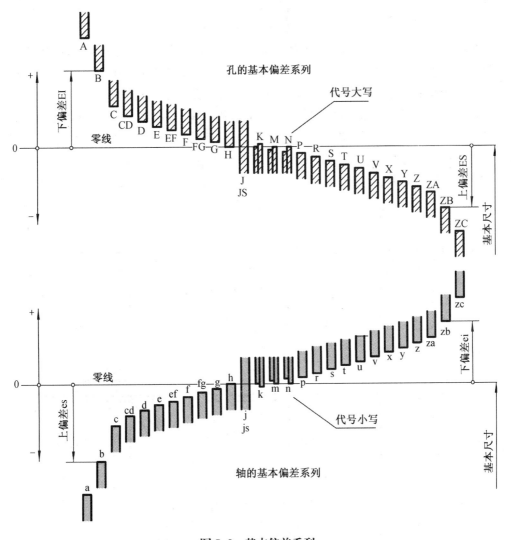

图 5-9 基本偏差系列

孔的基本偏差从 A 到 H 为下偏差,从 K 到 ZC 为上偏差;Js 的上下偏差对称分布在零线的两侧,因此,其上偏差为 IT/2 或下偏差为 IT/2;轴的基本偏差从 a 到 h 为上偏差,从 k 到 zc 为下偏差;js 为上偏差(IT/2)或下偏差(IT/2)。

根据孔与轴的基本偏差和标准公差,可计算孔和轴的另一偏差:

$$孔 \quad ES=EI+IT \quad 或 \quad EI=ES-IT$$
$$轴 \quad es=ei+IT \quad 或 \quad ei=es-IT$$

5.2.3 公差(极限)的标注

零件图上公差(极限)的标注共有三种形式:

(1) 在孔或轴的基本尺寸后面标注公差带代号,并与基本尺寸的数字高度相同。公差带代号由基本偏差代号(拉丁字母)和标准公差等级(阿拉伯数字)组成,孔的基本偏差代号用大写拉丁字母表示,轴的基本偏差代号用小写拉丁字母表示,标注如图 5-10(b)所示。

(2) 注出基本尺寸和上、下偏差数值。如图 5-10(a)所示,标注极限偏差时,上偏差注在基本尺寸的右上方,下偏差位于基本尺寸的右下方,并与基本尺寸注在同一底线上。偏差的数字大小应比基本尺寸的数字小一号,上、下偏差的小数点必须对齐,小数点后的位数也必须相同;当一个偏差值为零时,可简写为"0",并与另一偏差的小数点前的个位数对齐;对不为零的偏差,应注出正、负号;若上、下偏差数值相同而符号相反时,则在基本尺寸的后面加上"±"号,只注出一个偏差值,其数字大小与基本尺寸相同。

(3) 如图 5-10(c)所示,注出基本尺寸,并同时注出公差带代号和上、下偏差数值(用括号)。

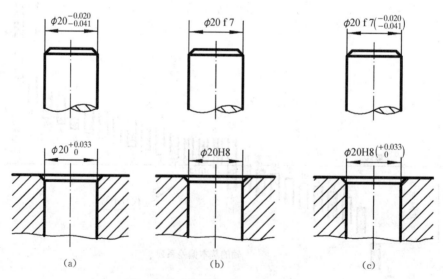

图 5-10 零件图上公差(极限)的标注

5.3 配 合

基本尺寸相同,相互结合的孔与轴公差带之间的关系称为配合。即配合的条件是基本尺寸相同的孔和轴的结合,而孔、轴公差带之间的关系反映了配合的精度和松紧程度,其松紧程度可用"间隙"和"过盈"来表示。孔的尺寸减去与其配合的轴的尺寸所得代数差为"正"者,称为间隙;孔的尺寸减去与其配合的轴的尺寸所得代数差为"负"者,称为过盈。

5.3.1 配合的种类

根据相配合的孔、轴公差带的相对位置,国家标准将其规定为间隙配合、过盈配合和过渡配合三种类型。

孔与轴装配在一起时具有间隙(包括最小间隙为零)的配合称为间隙配合。此时孔的公差带完全在轴的公差带之上,如图 5-11 所示。

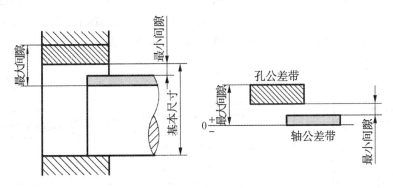

图 5-11 间隙配合

孔与轴装配在一起时具有过盈(包括最小过盈为零)的配合称为过盈。此时孔的公差带完全在轴的公差带之下,如图 5-12 所示。

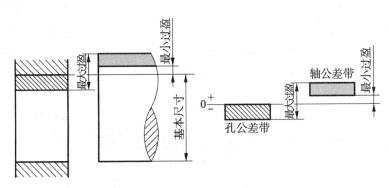

图 5-12 过盈配合

孔与轴装配在一起时可能具有的间隙,也可能出现过盈的配合称为过渡配合。此时孔的公差带与轴的公差带有重叠部分,如图 5-13 所示。

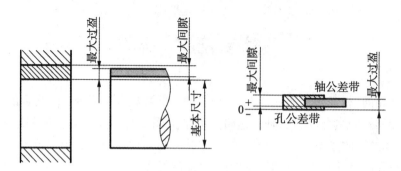

图 5-13 过渡配合

5.3.2 配合制

改变孔和轴的公差带的位置可以得到很多种配合,为便于现代化生产,简化标准,国家标准对配合规定了两种配合制:即基孔制和基轴制配合。

基本偏差为一定的孔的公差带,与不同基本偏差的轴的公差带形成各种配合的一种制度,称为基孔制配合,如图 5-14 所示。基孔制配合的孔称为基准孔,基本偏差代号为 H,其下偏差为零。与基准孔相配合的轴的基本偏差 a～h 用于间隙配合,j～n 用于过渡配合,p～zc 用于过盈配合。

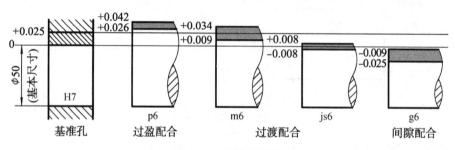

图 5-14 基孔制配合

基本偏差为一定的轴的公差带,与不同基本偏差的孔的公差带形成各种配合的一种制度,称为基轴制配合,如图 5-15 所示。基轴制配合的轴称为基准轴,基本偏差代号为 h,其上偏差为零。与基准轴相配合的孔的基本偏差 A～H 用于间隙配合,J～N 用于过渡配合,P～ZC 用于过盈配合。各种基本偏差的应用实例如表 5-5 所示。

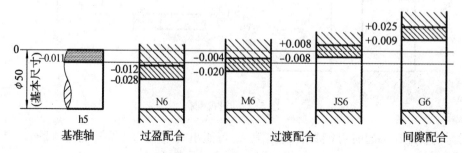

图 5-15 基轴制配合

表 5-5 各种基本偏差的应用实例

配合	基本偏差	特点及应用实例
间隙配合	a(A) b(B)	可得到特别大的间隙,应用很少。主要用于工作时温度高、热变形大的零件的配合,如发动机中活塞与缸套的配合为 H9/a9
	c(C)	可得到很大的间隙。一般用于工作条件较差(如农业机械)、工作时受力变形大及装配工艺性不好的零件的配合,也适用于高温工作的间隙配合,如内燃机排气阀杆与导管的配合为 H8/C7
	d(D)	与 IT7～IT11 对应,适用较松的间隙配合(如滑轮、空转的带轮与轴的配合),以及大尺寸滑动轴承与轴颈的配合(如涡轮机、球磨机等的滑动轴承)。活塞环与活塞槽的配合可用 H9/d9
	e(E)	与 IT6～IT9 对应,具有明显的间隙,用于大跨距及多支点的转轴与轴承的配合,以及高速、重载的大尺寸轴与轴承的配合,如大型电机、内燃机的主要轴承处的配合为 H8/e7
	f(F)	多与 IT6～IT8 对应,用于一般转动的配合,受湿度影响不大,采用普通润滑油的轴与滑动轴承的配合,如齿轮箱、小电机、泵等的转轴与滑动轴承的配合为 H7/f6
	g(G)	多与 IT5、IT6、IT7 对应,形成配合的间隙较小,用于轻载精密装置中的转动配合,用于插销的定位配合,滑阀、连杆销等处的配合,钻套孔多用于 G
	h(H)	多与 IT4～IT11 对应,广泛用于无相对转动的配合、一般的定位配合。若没有湿度、变形的影响,也可用于精密滑动轴承,如车床尾座孔与滑动套筒的配合为 H6/h5
过渡配合	js(JS)	多用于 IT4～IT7 具有平均间隙的过渡配合,用于略有过盈的定位配合,如联轴节、齿圈与轮毂的配合,滚动轴承外圈与外壳孔的配合,多用 JS7。一般用手锤装配
	k(K)	多用于 IT4～IT7 平均间隙接近零的配合,用于定位配合,如滚动轴承的内、外圈分别与轴颈、外壳孔的配合。用木槌装配
	m(M)	多用于 IT4～IT7 平均过盈较小的配合,用于精密定位的配合,如蜗轮的青铜轮缘与轮毂的配合为 H7/m6
	n(N)	多用于 IT4～IT7 平均过盈较大的配合,很少形成间隙。用于加键传递较大扭矩的配合,如冲床上齿轮与轴的配合。用槌子或压力机装配
过盈配合	p(P)	用于小过盈配合与 H6 或 H7 的孔形成过盈配合,而与 H8 的孔形成过渡配合。炭钢和铸铁间零件形成的配合为标准压入配合,如卷扬机的绳子滚轮与齿圈的配合为 H7/p6。合金钢间零件的配合需要小过盈时可用 p(或 P)
	r(R)	用于传递大扭矩或受冲击负荷尴需要加键的配合,如蜗轮与轴的配合为 H7/r6
	s(S)	用于钢和铸铁零件的永久性和半永久性结合,可产生相当大的结合力,如套环压在轴、阀座上用 H7/s6 配合
	t(T)	用于钢和铸铁间零件的永久结合,不用键可传递扭矩,需用热套法或冷轴法装配,如联轴节与轴的配合为 H7/t6
	u(U)	用于大过盈配合,最大过盈需验算。用热套法进行装配。如火车轮毂和轴的配合为 H6/u5
	v(V),x(X) y(Y),z(Z)	用于特大过盈配合,目前使用的经验和资料很少,须经试验后才能应用。一般不推荐

5.3.3 配合的选用

1. 选用优先公差带和优先配合

国家标准根据机械工业产品生产使用的需要,考虑到定值刀具、量具规格的统一,规定了一般用途孔公差带 105 种,轴公差带 119 种,以及优先选用的孔和轴公差带。国标中规定了基孔制常用配合 59 种,其中优先选用配合 13 种,如图 5-16 所示;又规定了基轴制常用配合 47 种,其中优先选用配合 13 种,如图 5-17 所示。图 5-16 和图 5-17 中,圆圈内的公差带为优先选用的,方框中的为常用的。表 5-6 列举了优先配合的特性及应用说明,可供选择时参考。

2. 优先选用基孔制

一般情况下,应优先选用基孔制。这样可以限制定值刀具、量具的规格数量。基轴制通常仅用于有明显经济效益的场合和结构设计要求不适合采用基孔制的场合。

表 5-6 优先配合的特性及应用说明

基孔制	基轴制	优先配合特性及应用举例
$\dfrac{H11}{c11}$	$\dfrac{C11}{h11}$	间隙非常大,用于很松的、转动很慢的间隙配合;要求大公差与大间隙的外露组件;要求装配方便的很松的配合
$\dfrac{H9}{d9}$	$\dfrac{D9}{h9}$	间隙很大的自由转动配合,用于精度非主要要求时,或有大的温度变动、高转速或大的轴颈压力时
$\dfrac{H8}{f7}$	$\dfrac{F8}{h7}$	间隙不大的转动配合,用于中等转速与中等轴颈压力的精确转动;也用于装配较易的中等定位配合
$\dfrac{H7}{g6}$	$\dfrac{G7}{h6}$	间隙很小的滑动配合,用于不希望自由转动但可自由移动和滑动并精密定位时,也可用于要求明确的定位配合
$\dfrac{H7}{h6}\dfrac{H8}{h7}$ $\dfrac{H9}{h9}\dfrac{H11}{h11}$	$\dfrac{H7}{h6}\dfrac{H8}{h7}$ $\dfrac{H9}{h9}\dfrac{H11}{h11}$	均为间隙定位配合,零件可自由装拆,而工作时一般相对静止不动。在最大实体条件下的间隙为零,在最小实体条件下的间隙由公差等级决定
$\dfrac{H7}{k6}$	$\dfrac{K7}{h6}$	过渡配合,用于精密定位
$\dfrac{H7}{n6}$	$\dfrac{N7}{h6}$	过渡配合,允许有较大过盈的更精密定位
$\dfrac{H7}{p6}$	$\dfrac{P7}{h6}$	过盈定位配合,即小过盈配合,用于定位精度特别重要时,能以最好的定位精度达到部件的刚性及对中性要求,而对内孔承受压力无特殊要求,不依靠配合的紧固性传递摩擦负荷
$\dfrac{H7}{s6}$	$\dfrac{S7}{h6}$	中等压入配合,适用于一般钢件,或用于薄壁件的冷缩配合,用于铸铁件可得到最紧的配合
$\dfrac{H7}{u6}$	$\dfrac{U7}{h6}$	压入配合,适用于可以承受大压入力的零件或不宜承受大压入力的冷缩配合

```
                    h1      js1
                    h2      js2
                    h3      js3
                g4  h4      js4 k4 m4 n4 p4 r4 s4
            f5  g5  h5  j5  js5 k5 m5 n5 p5 r5 s5 t5   u5 v5 x5
        e6  f6 (g6)(h6) j6  js6(k6) m6(n6)(p6) r6(s6) t6 (u6) v6 x6 y6 z6
     d7 e7 (f7) g7 (h7) j7  js7 k7 m7 n7 p7 r7 s7 t7 u7 v7 x7 y7 z7
  c8 d8  e8 f8  g8  h8  j8  js8 k8 m8 n8 p8 r8 s8 t8 u8 v8 x8 y8 z8
a9 b9 c9(d9) e9 f9    (h9) js9
a10 b10 c10 d10 e10    h10 js10
a11 b11(c11) d11      (h11) js11
a12 b12 c12           h12  js12
a13 b13               h13  js13
```

图 5-16 优先、常用和一般用途孔的公差带

```
                    H1      JS1
                    H2      JS2
                    H3      JS3
                    H4      JS4 K4 M4
                G5  H5      JS5 K5 M5 N5 P5 R5 S5
            F6  G6  H6  J6  JS6 K6 M6 N6 P6 R6 S6 T6 U6 V6 X6 Y6 Z6
        D7 E7  F7 (G7)(H7) J7  JS7(K7) M7(N7)(P7) R7(S7) T7(U7) V7 X7 Y7 Z7
    C8 D8  E8 (F8) G8 (H8) J8  JS8 K8 M8 N8 P8 R8 S8 T8 U8 V8 X8 Y8 Z8
A9 B9 C9 (D9) E9 F9   (H9) JS9        N9 P9
A10 B10 C10 D10 E10    H10 JS10
A11 B11(C11) D11      (H11) JS11
A12 B12 C12           H12  JS12
                      H13  JS13
```

图 5-17 优先、常用和一般用途轴的公差带

3. 选用孔比轴低一级的公差等级

为降低加工成本,在保证使用要求的前提下,应当使选用的公差为最大值。因加工孔较困难,轴加工易于得到保证,故一般在配合中选用孔比轴低一级的公差等级,例如:H8/h7 等。

5.3.4 配合的标注

装配图上配合的标注形式为:在基本尺寸后边用分数形式标注公差带代号,分子为孔的公差带代号,分母为轴的公差带代号,如图 5-18(a)所示。另外,当配合的零件之一为标准件时,可只标注出一般零件的公差带代号,如图 5-18(b)所示。

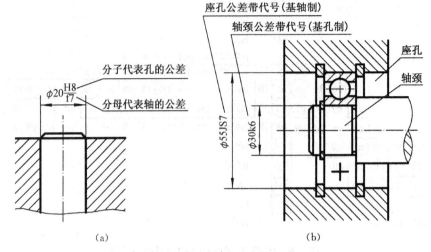

图 5-18　装配图上配合的标注

5.4　几何公差

5.4.1　概述

在零件加工过程中,由于出现受力变形、热变形,机床、刀具、夹具系统存在的几何误差以及磨损和振动,加工后的零件不仅有尺寸公差,构成零件几何特征的点、线、面的实际形状或相互位置与理想几何体规定的形状和相互位置还不可避免地存在差异,这种形状上的差异就是形状公差,而相互位置的差异就是位置公差,统称为几何公差(旧标准中称为形位公差)。

几何公差按其特征分为:形状公差、方向公差、位置公差和跳动公差。它们的表示符号及对基准的有无要求等列于表 5-7 中。

表 5-7　　几何公差项目和符号

公差类型	几何特征	符号	有无基准
形状公差	直线度	—	无
	平面度	▱	
	圆度	○	
	圆柱度	⌭	
	线轮廓度	⌒	
	面轮廓度	⌓	

续表

公差类型	几何特征	符号	有无基准
方向公差	平行度	∥	有
	垂直度	⊥	
	倾斜度	∠	
	线轮廓度	⌒	
	面轮廓度	⌓	
位置公差	位置度	⊕	有或无
	同心度 （用于中心点）	◎	有
	同轴度 （用于轴线）	◎	
	对称度	≡	
	线轮廓度	⌒	
	面轮廓度	⌓	
跳动公差	圆跳动	↗	
	全跳动	↗↗	

注：尺寸公差符号的线型宽度为粗实线宽，但跳动及其箭头采用细实线。

5.4.2　几何公差的标注

1. 公差框格

在图样中，标注几何公差时，公差要求在矩形框格中给出，该框格由两格或多格组成。框格中的内容应从左向右按以下次序填写：公差特征项目的符号、公差值及有关符号（线性值）和基准要素或基准体系（按需要用一个或多个字母表示），如图 5-19 所示。

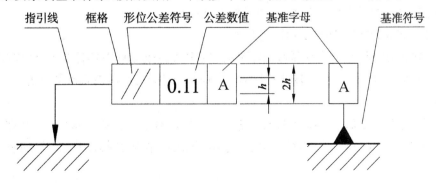

图 5-19　公差框格符号类型与基准要素

2. 被测要素的标注

用箭头的指引线将框格与被测要素相连,按以下方式标注:

(1) 当公差涉及轮廓线或表面时,将箭头置于要素的轮廓线或轮廓线的延长线上,但必须与尺寸线明显地错开,如图 5-20(a)、(b)所示。

(2) 当公差涉及轴线、中心平面或带尺寸要素确定的点时,则带箭头的指引线应与尺寸线的延长线重合,如图 5-20(c)、(d)所示。

(3) 当指向要素表面时,箭头可置于带点的参考线上,该点指向实际表面上,如图 5-20 (e)所示。

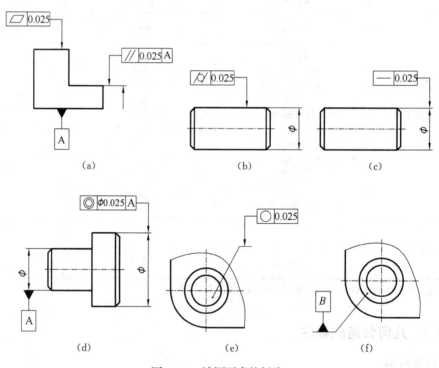

图 5-20　被测要素的标注

3. 基准要素的标注

(1) 基准要素相对于被测要素基准,由基准字母表示。其形式为注于基准方格内的大写字母用细实线与涂黑或空白的基准三角形相连,如图 5-19 所示。

(2) 带有基准字母的基准三角形应置于:

当基准要素是轮廓线或表面时,在要素的外轮廓线上或在它的延长线上,但应与尺寸明显的错开,如图 5-20(a)所示。基准符号还可置于用圆点指向实际表面的参考线上。如图 5-20(f)所示;

当基准要素是轴线或中心平面或由带尺寸的要素确定点时,则基准符号中的线与尺寸线一致。如图 5-20(d)所示。如尺寸线处安排不下两个箭头时,则另一箭头可用基准三角形代替。

(3) 单一要素用大写字母表示,如图 5-19、图 5-20 所示。由两个要素组成的公共基准,用横线将两个大写字母隔开表示。由两个或三个要素组成的基准体系如多基准组合,表示基准的大写字母应按基准的优先级从左至右分别置于格子中。

4.标注示例(图5-21所示)

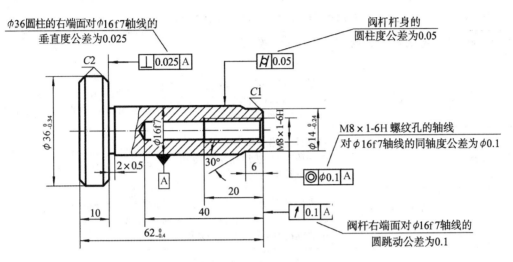

图 5-21 形位公差标注示例

5.5 其他技术要求简介

除了表面粗糙度、尺寸公差和几何公差的要求要求外,技术要求还应包括对零件表面的特殊加工及修饰、对表面缺陷的限制、对材料性能的要求,对加工方法、检验和实验方法的具体指示等,其中有些项目可单独写成技术文件。

5.5.1 基本要求

1.零件毛坯的要求

对于铸造或锻造的毛坯零件,应有必要的技术说明。如铸件的圆角、气孔及缩孔、裂纹和锻件去除氧化皮等影响零件使用性能的现象应有具体的限制。

2.热处理要求

热处理对于金属材料的机械性能的改善与提高有显著作用,因此在设计机器零件时常提出热处理要求。如轴类零件的调质处理 42~45HRC 和齿轮轮齿的淬火等。

热处理要求一般是写在技术要求条目中,对于表面渗碳及局部热处理要求也可直接标注在视图上。

3.对表面涂层、修饰的要求

根据零件用途的不同,常对一些零件表面提出必要的特殊加工和修饰。如为防止零件表面生锈,对非加工面应喷漆。再如工具手把表面为防滑提出的滚花加工等。

5.5.2　常用材料热处理、表面处理及相关问题简介

见表 5-8 所示。

表 5-8　　　　　常用材料热处理、表面处理及相关问题简介

名词		代号及标注示例	说明	应用
退火		Th	将钢件加热到临界温度以上（一般是 710℃～715℃，个别合金钢 800℃～900℃）30℃～50℃，保温一段时间，然后缓慢冷却	用来消除铸、锻、焊零件的内应力、降低硬度，便于切削加工，细化金属晶粒，改善组织、增加韧性
正火		Z	将钢件加热到临界温度以上，保温一段时间，然后用空气冷却，冷却速度比退火快	用来处理低碳和中碳结构钢及渗碳零，改善切削性能
淬火		CC48：淬火回火至 45～50HRC	将钢件加热到临界温度以上，保温一段时间，然后在水、盐水或油中急速冷却，使其得到高硬度	用来提高钢的硬度和强度极限，但淬火会引起内应力使钢变脆，所以淬火后必须回火
回火		回火	回火是将淬硬的钢件加热到临界点以下的温度，保温一段时间，然后在空气中或油中冷却下来	用来消除淬火后的脆性和内应力，提高钢的塑性和冲击韧性
调质		TT235：调质处理至 220～250HB	淬火后在 450℃～650℃进行高温回火，称为调质	用来使钢获得高的韧性和足够的强度，重要的齿轮、轴及丝杆等零件需经调质处理
表面淬火	火焰淬火	H54：火焰淬火后，回火到 50～55HRC	用火焰或高频电流，将零件表面迅速加热至临界温度以上，急速冷却	使零件表面获得高硬度，而心部保持一定的韧性，使零件既耐磨又能承受冲击，表面淬火常用来处理齿轮等
	高频淬火	G52：高频淬火后，回火到 50～55HRC		
渗碳淬火		S0.5-C59：渗碳层深 0.5，淬火硬度 56～62HRC	在渗碳剂中将钢件加热到 900℃～950℃，停留一定时间，将碳渗入钢表面，深度约为 0.5～2，再淬火后回火	增加钢件的耐磨性能、表面硬度、抗拉强度和疲劳极限，适用于低碳、中碳（含量＜0.40%）结构钢的中小型零件
氮化		D0.3-900：氮化层深度 0.3，硬度大于 850HV	氮化是在 500℃～600℃通入氮的炉子内加热，向钢的表面渗入氮原子的过程，氮化层为 0.025～0.8，氮化时间需 40～50 h	增加钢件的耐磨性能、表面硬度、疲劳极限和抗蚀能力，适用于合金钢、碳钢、铸铁件，如机床主轴、丝杆以及在潮湿碱水和燃烧气体介质的环境中工作的零件
氰化		Q59：氰化淬火后，回火至 56～62HRC	在 820℃～860℃炉内通入碳和氮，保温 1～2 h，使钢件的表面同时渗入碳、氮原子，可得到 0.2～0.5 的氰化层	增加表面硬度、耐磨性、疲劳强度和耐蚀性，用于要求硬度高、耐磨的中、小型及薄片零件和刀具等

续表

名　词	代号及标注示例	说　　明	应　　用
时　效	时效处理	低温回火后、精加工之前,加热到100℃～160℃,保持10～40 h,对铸件也可用天然时效(放在露天中一年以上)	使工件消除内应力和稳定形状,用于量具、精密丝杆、床身导轨、床身等
发蓝发黑	发蓝或发黑	将金属零件放在很浓的碱和氧化剂溶液中加热氧化,使金属表面形成一层氧化铁所组成的保护性薄膜	防腐蚀、美观,用于一般连接的标准件和其他电子类零件
硬　度	HB(布氏硬度)	材料抵抗硬的物体压入其表面的能力称硬度,根据测定的方法不同,可分布氏硬度、洛氏硬度和维氏硬度。硬度的测定是检验材料经热处理后的机械性能——硬度	用于退火、正火、调质的零件及铸件的硬度检验
	HRC(洛氏硬度)		用于经淬火、回火及表面渗碳、渗氮等处理的零件硬度检验
	HV(维氏硬度)		用于薄层硬化零件的硬度检验

第 5 章　零件的技术要求

第6章

装 配 图

装配图是表达机器或部件的图样。表达机器中某个部件的装配图称为部件装配图。表达一台完整的机器装配图,称为总装配图。在进行设计、装配、调整、检验、安装、使用和维修时都需要装配图。它是设计部门提交给生产部门的重要技术文件。在产品设计中,一般先画出机器或部件的装配图,然后根据装配图画出零件图。装配图要反映出设计者的意图,表达出机器或部件的工作原理、性能要求、零件间的装配关系和零件的主要结构形状,以及在装配、检验、安装时所需要的尺寸数据和技术要求。

6.1 装配图的内容

图6-1所示是滑动轴承的装配图,它是一张部件装配图。查阅有关该滑动轴承的说明书,对照图6-1所示滑动轴承的结构图可以知道,它由8种不同零件组成,是支承传动轴的一个部件。

由滑动轴承的装配图6-2可见,装配图应具有以下主要内容:

1. 一组视图

用一般表达方法和特殊表达方法,正确、完整、清晰和简便地表达机器或部件的工作原理、零件之间的装配关系和零件的主要结构形状。

2. 必要的尺寸

标明机器或部件的规格(性能)尺寸,说明整体外形及零件间配合、连接、定位和安装等方面的尺寸。

图6-1 滑动轴承的结构图

3. 零件序号、明细表与标题栏

根据生产组织和管理工作的需要,按一定的格式,将零件或部件进行编号,并填写标题栏和明细栏。明细栏主要说明机器、部件上各个零件的名称、材料、数量、规格及备注等。标题栏说明机器或部件的名称、重量、图号、图样、比例等。

4. 技术要求

是指有关产品在装配、安装、检验、调试以及运转时应达到的技术要求、常用符号或文字注写。

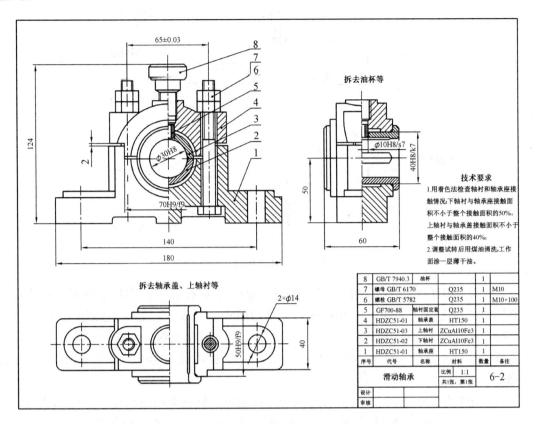

图 6-2　滑动轴承装配图

6.2　机器与部件的表达方法

　　部件和零件的表达,共同点是都要表达出它们的内外结构。因此关于零件的各种表达方法和选用原则,在表达部件时同样适用。但也有它们的不同点,装配图需要表达的是部件的总体情况,而零件图仅表达零件的结构形状。针对装配图的特点,为了清晰简便地表达出部件的结构,国家标准(机械制图:GB/T 4458.6—2002)对画装配图提出了一些规定画法和特殊的表达方法。

6.2.1　装配图的规定画法

　　装配图需要表达多个零件,两个零件的相邻表面的投影画法是装配图中用得最多的表达形式。为了方便设计者画图,使读图者能迅速地从装配图中区分出不同零件,国家制图标准对有关装配图在画法上作了一些规定。下面介绍制图标准中的基本规定。

　　(1)两相邻零件的接触面和配合面规定只画一条线,如图 6-3 中①处所示。但当两相邻零件的基本尺寸不相同时,即使间隙很小,也必须画出两条线,如图 6-3 中③处所示。

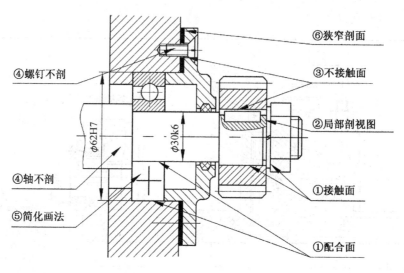

图 6-3　规定画法(一)

(2) 两个零件相邻时,其剖面线的倾斜方向应反向,如有第三个零件相邻,则采用疏密间距不同的剖面线,最好与同方向的剖面线错开,如图 6-3 中局部放大图表达部位所示。

(3) 同一零件在同一张装配图样中的各个视图上,其剖面线方向必须一致,间隔相等。当零件的厚度小于 2 mm 时,可采用涂黑的方式代替剖面符号,如图 6-3 中⑥处所示垫圈。

(4) 对于实心杆件、螺纹紧固件,当剖切平面通过其轴线纵向剖切时,均按不剖绘制(如轴、杆、球、键、销、螺钉、螺母、螺栓等),如图 6-3 中④处所示。必要时可采取局部剖,如图 6-3 中②处所示。如果沿着垂直于这些零件的轴线横向剖切,则应画出剖面线。

6.2.2　装配图中的特殊表达方法

装配图上所表达的不止一个零件,前面所讲的表达方法不足以表达多个零件,国家标准还规定了以下一些特殊的表达方法。

1. 拆卸画法和沿结合面剖切画法

当某一个或几个零件在装配图的某一视图中遮住了大部分装配关系或其他零件时,可假想拆去一个或几个零件,只画出所表达部分的视图,这种画法称为拆卸画法。如图 6-2 所示的滑动轴承装配图中俯视图就是拆去轴承盖、上轴衬等后画出的。

为了表达内部结构,可采用沿结合面剖切画法。如图 6-2 中的俯视图的右半部所示,沿盖和体的接合面剖切,拆除上半部分画出余下部分,注意在结合面上不画剖面符号,被剖切到的螺栓则必须画出剖面线。

2. 单独表示某个零件

在装配图中,当某个零件的形状未表达清楚而又对理解装配关系有影响时,可另外单独画出该零件的某一视图,如图 6-4 所示 B 向视图单独表达了转子泵的泵盖。

3. 假想画法

(1) 表示部件中运动件的极限位置,用双点画线假想的画出轮廓,如图 6-5 所示的手柄。

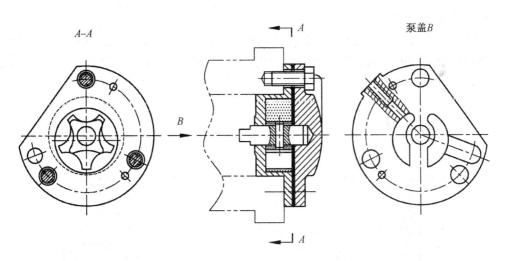

图 6-4　转子泵装配方案

（2）为了表达不属于某部件，又与该部件有关的零件，也用双点画线画出与其有关部分的轮廓。如图 6-4 主视图中转子泵所连接的机件。

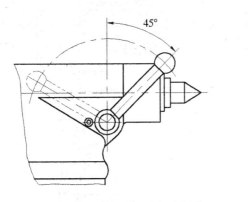

图 6-5　运动零件极限位置表示法图

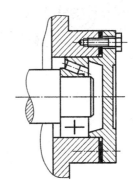

图 6-6　简化画法

4. 简化画法（图 6-6）

（1）在装配图中，零件的工艺结构，如圆角、倒角、退刀槽等允许不画。

（2）在装配图中，螺母和螺栓头允许采用简化画法。当遇到螺纹连接件等相同的零件组时，在不影响理解的前提下，允许只画出一处，其余可只用点画线表示其中心位置。

（3）在剖视图中，表示滚动轴承时，允许画出对称图形的一半，另一半画出其轮廓，并用细实线画出轮廓的对角线。

5. 夸大画法

在画装配图时，有时会遇到薄片零件、细丝弹簧、微小间隙等。对这些零件和间隙，无法按其实际尺寸画出，或者虽能如实画出，但不能明显地表达其结构（如圆锥销及锥形孔的锥度很小时），均可采用夸大画法，即可把垫片厚度、弹簧丝直径及锥度都适当地夸大画出。如图 6-6 所示轴承座与轴承盖之间的垫片就是夸大画法。

6. 展开画法

为了表达不在同一平面内而又相互平行的轴上零件,以及轴与轴之间的传动关系,可以按传动顺序沿轴线剖开,而后依次将轴线展开在同一平面上画出,并标注"*X-X* 展开",如图6-7所示。

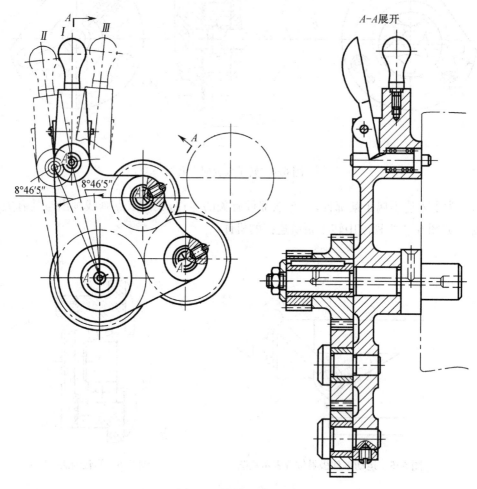

图6-7 挂轮架展开画法

6.3 常见装配结构及要求

为了保证装配质量,方便装配、拆卸机器或部件,在设计时必须注意装配结构的合理性。本节仅介绍几种常见的装配结构及其合理性。

6.3.1 配合面与接触面的相关要求

(1) 两个零件配合或接触时,在同一方向上只能有一对接触面,否则会给零件制造和装配等工作造成困难,如图6-8(a)、(b)、(c)所示。

（2）对于锥面配合，锥体顶部与锥孔底部之间必须留有空隙，否则不能保证锥面配合。如图6-8(d)所示。

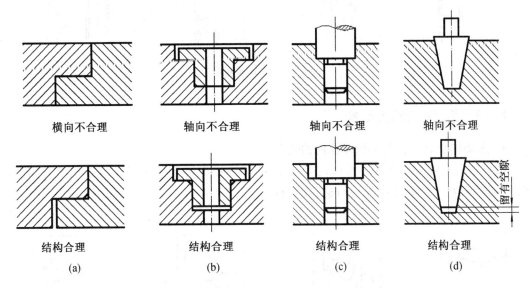

横向不合理　　　　轴向不合理　　　　轴向不合理　　　　轴向不合理

结构合理　　　　　结构合理　　　　　结构合理　　　　　结构合理

（a）　　　　　　　　（b）　　　　　　　　（c）　　　　　　　　（d）

图6-8　配合面与接触面的相关要求（一）

（3）为了保证轴肩与孔的端面接触，应在孔口制出适当的倒角（或圆角），或在轴根处加工出槽，如图6-9所示。

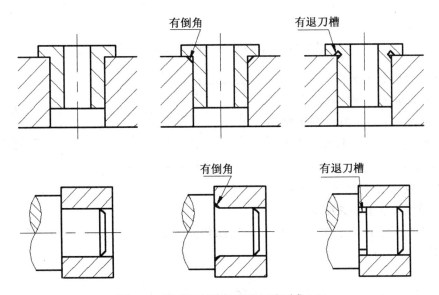

有倒角　　　　　　有退刀槽

有倒角　　　　　　有退刀槽

图6-9　配合面与接触面的相关要求（二）

（4）为了保证两个零件之间接触良好，接触面需经机械加工。合理地减少加工面积，不但可以降低加工费用，而且可以改善接触情况。为了保证连接件（螺栓、螺母、垫圈）和被连接件间的良好接触，在被连接件上作出沉孔、凸台等结构，如图6-10所示，沉孔的尺寸，可根据连接件的尺寸，从有关手册中查找。

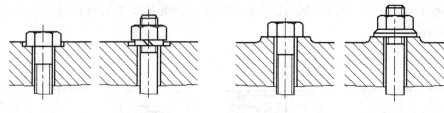

图 6-10　沉孔和凸台

6.3.2　拆、装的相关结构

1. 滚动轴承装在轴上和箱体孔内的情况

如果轴肩高度大于或等于轴承内圈厚度,或箱体中左边孔径小于或等于轴承外圈的内径时,则轴承无法拆卸,如图 6-11(a)、(b)所示。

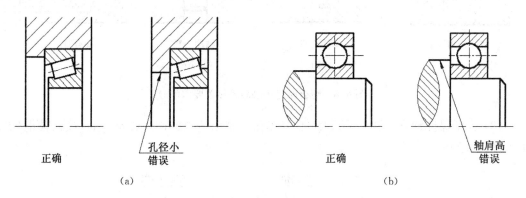

图 6-11　滚动轴承在与轴箱体孔内的安装

2. 定位销的装配结构

为了保证重装后两零件间相对位置的精度,常采用圆柱销或圆锥销定位,所以对销及销孔要求较高。为了加工销孔和拆卸销子方便,在可能的条件下,将销孔做成通孔,如图 6-12 所示。

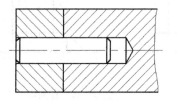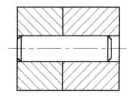

图 6-12　定位销装配结构

3. 螺纹紧固件的相关结构

对于螺纹紧固件,为了便于拆装,必须留出相关操作工具的活动空间,并考虑安装的可能性,如图 6-13 所示。

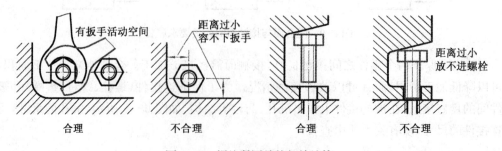

图 6-13　螺纹紧固件的相关结构

6.3.3 防松与密封结构

（1）为了防止螺纹紧固件在承受振动或冲击时松动,常采用图 6-14 所示的常见的几种防松装置。

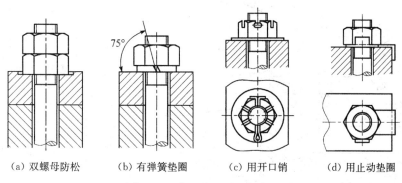

（a）双螺母防松   （b）有弹簧垫圈   （c）用开口销   （d）用止动垫圈

图 6-14   常见的几种防松装置

（2）为防止内部的液体或气体向外渗漏,同时,也防止外面的灰尘等异物进入机器,常采用密封装置,常见的几种密封装置如图 6-15 所示。要说明的是用毡圈密封时,毡圈要紧贴在轴上,而轴承盖的孔径大于轴径,留出间隙。

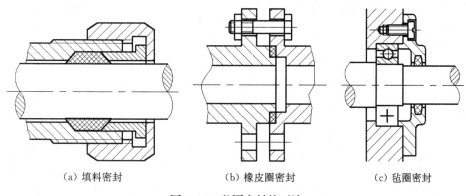

（a）填料密封   （b）橡皮圈密封   （c）毡圈密封

图 6-15   毡圈密封的画法

6.4   装配图上的注写及相关要求

6.4.1   尺寸标注

装配图与零件图的作用不一样,因此,对尺寸标注的要求也不一样。零件图是加工制造零件的主要依据,所以要求零件图上的尺寸必须完整,而装配图主要是设计和装配机器或部件时用的图样,因此不必注出零件的全部尺寸。装配图上一般标注以下几种尺寸。

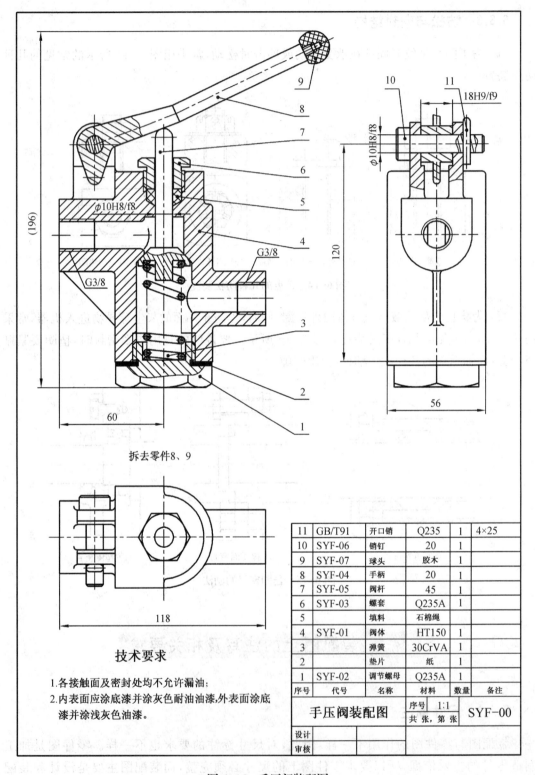

拆去零件8、9

118

技术要求

1. 各接触面及密封处均不允许漏油;
2. 内表面应涂底漆并涂灰色耐油油漆,外表面涂底漆并涂浅灰色油漆。

11	GB/T91	开口销	Q235	1	4×25
10	SYF-06	销钉	20	1	
9	SYF-07	球头	胶木	1	
8	SYF-04	手柄	20	1	
7	SYF-05	阀杆	45	1	
6	SYF-03	螺套	Q235A	1	
5		填料	石棉绳	1	
4	SYF-01	阀体	HT150	1	
3		弹簧	30CrVA	1	
2		垫片	纸	1	
1	SYF-02	调节螺母	Q235A	1	
序号	代号	名称	材料	数量	备注

手压阀装配图	序号	1:1	SYF-00
	共 张,第 张		

设计		
审核		

图 6-16 手压阀装配图

1. 性能尺寸（规格尺寸）

表示机器或部件的性能和规格尺寸在设计时就已确定。它是设计机器、了解和选用机器的依据，如图 6-2 滑动轴承装配图中的轴孔直径ϕ30H8。

2. 装配尺寸

（1）配合尺寸

表示两个零件之间配合性质的尺寸，如图 6-16 手压阀装配图上的ϕ10H8/f8，由基本尺寸和孔与轴的公差带代号所组成。配合尺寸是拆画零件图时，确定零件尺寸偏差的依据。

（2）相对位置尺寸

表示装配机器和拆画零件图时，需要保证的零件间相对位置的尺寸，如图 6-2 滑动轴承装配图中的轴承座底面与轴承中心孔间的定位尺寸 50。又如图 6-16 手压阀装配图上的阀体下底面与销钉轴线之间的定位尺寸 120。相对位置尺寸是装配、调整所需要的尺寸，也是拆画零件图，校图时所需要的尺寸。

3. 外形尺寸

表示机器或部件外形轮廓的尺寸，即总长、总宽、总高。当机器或部件包装、运输时，以及厂房设计和安装机器时需要考虑外形尺寸，如图 6-2 滑动轴承装配图中的 180（总长）、60（总宽）和 124（总高）是外形尺寸。

4. 安装尺寸

机器或部件安装在地基上或与其他机器或部件相连接时所需要的尺寸，即安装尺寸，如图 6-2 滑动轴承装配图中的 140（安装孔的位置）和 2×ϕ14（安装孔径尺寸）。

5. 其他重要尺寸

在设计中经过计算确定或选定的尺寸，但又未包括在上述 4 种尺寸之中。这种尺寸在拆画零件图时，不能改变，如图 6-2 滑动轴承装配图中轴承座与轴承盖上的间隙 2。

6.4.2 技术要求的注写

装配图上一般应注写以下几方面的技术要求：

（1）装配过程中的注意事项和装配后应满足的要求等。例如：图 6-16 上的"各接触面及密封处均不允许漏油"等。

（2）检验、试验的条件和要求以及操作要求等，如图 6-2 上的"用着色法检查轴衬和轴承座接触情况：下轴衬与轴承座接触面积不小于整个接触面积的 50%，上轴衬与轴承盖接触面积不小于整个接触面积的 40%"即是。

（3）部件的性能、规格参数、包装、运输、使用时的注意事项和涂饰要求等。如图 6-16 上的"内表面应涂底漆并涂灰色耐油油漆，外表面涂底漆并涂浅灰色油漆"等。

总之，图上所需填写的技术要求，随部件的需要而定。必要时，也可参照类似产品确定。

6.4.3 零、部件序号

为了便于看图、装配、图样管理以及做好生产准备工作，必须对每个不同的零件或部件进行编号，这种编号称为零件的序号或代号，同时要编制相应的明细栏。直接编写在装配图中标题栏上方的称为明细栏,在明细栏中零件及部件的序号应自下而上填写。

(1) 序号(或代号)字体要比尺寸数字大两号。序号应注在图形轮廓线的外边,并填写在指引线的横线上或圆圈内,也允许直接写在指引线附近。横线或圆圈用细实线画出。如图 6-17 所示。

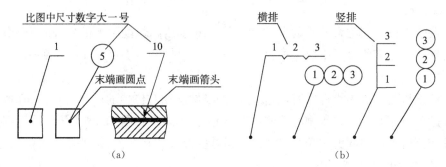

图 6-17　序号的注写

(2) 指引线应从所指零件的可见轮廓内引出(若剖开时,尽量由剖面线的空处引出,并在末端画一个小圆点。若在所指部分(很薄的零件或涂黑的剖面)内不宜画圆点时,可在指引线末端画出箭头指向该部分的轮廓,如图 6-17(a)所示。

(3) 指引线尽可能分布均匀且不要彼此相交,也不要过长。指引线通过有剖面线的区域时,要尽量不与剖面线平行,必要时可画成折线,但只允许弯折一次。同一连接件组成的装配关系清楚的零件组,允许采用公共指引线,如图 6-17(b)所示,常用于螺栓、螺母和垫圈零件组。

(4) 每一种零件在各视图上只编一个序号。对同一标准部件(如油杯、滚动轴承、电机等),在装配图上只编一个序号。

(5) 要沿水平或垂直方向按顺时针或逆时针次序排列整齐,如图 6-2 和图 6-16 所示。

(6) 编注序号时,要注意到:

① 为了使全图能布置得美观整齐,在标注零件序号时,应先按一定位置画好横线或圆,然后再与零件一一对应,画出指引线。

② 常用的序号编排方法有两种:一种是一般件和标准件混合一起编排,如图 6-2 所示滑动轴承装配图;另一种是将一般件编号填入明细栏中,而标准件直接在图上标注出规格、数量和国标号,或另列专门表格。

6.4.4　明细栏

装配图的明细栏在标题栏上方,左边外框线为粗实线,内格线和顶线为细实线。图 6-2、图 6-16 所示格式可供学习时使用。假如地方不够,也可在标题栏的左方再画一排,明细栏中的零件序号编写顺序是从下往上,以便增加零件时,可以继续向上画格。在实际生产过程中,明细栏也可不画在装配图内,按 A4 幅面作为装配图的序页单独绘出,编写顺序是从上往下,并可连续加页,但在明细栏下方应配置与装配图完全一致的标题栏。

6.5 装配图的绘制

6.5.1 装配图的视图选择

装配图的视图选择与零件图比较有共同之处,但由于表达内容不同因此也有差异。

1. 了解和分析装配体

画装配图前,须先对所画装配体的性能、用途、工作原理、结构特征、零件之间的装配和连接方式等进行分析和了解。

2. 主视图的选择

(1)一般将机器或部件按工作位置放置或将其放正,即使装配体的主要轴线、主要安装面呈水平或铅垂位置。

(2)选择最能反映机器或部件的工作原理、传动路线、零件间装配关系及主要零件的主要结构的视图作为主视图。当不能在同一视图上反映以上内容时,则应经过比较,取一个能较多反映上述内容的视图作为主视图。一般取反映零件间主要或较多装配关系的视图作为主视图为好。

3. 其他视图的选择

主视图选定以后,对其他视图的选择可以考虑以下几点:

(1)还有哪些装配关系、工作原理以及主要零件的主要结构还没有表达清楚,再确定选择哪些视图以及相应的表达方法。

(2)尽可能地用基本视图以及基本视图上的剖视图(包括拆卸画法、沿零件结合面剖切)来表达有关内容。

(3)要合理布置视图位置,使图样清晰并有利于图幅的充分利用。

6.5.2 绘图的基本步骤

1. 定比例、选图幅,画出作图基准线、标题栏和明细表的外框

按照选定的表达方案,根据所画部件的大小,再考虑尺寸、序号、标题栏、明细表和注写技术要求所应占的位置,选择绘图比例,确定图幅。

2. 布置视图,绘制各视图的作图基线

作图基线如主要中心线、对称线等。在布置视图时,要注意为标注尺寸和编写序号留出足够的位置。

3. 在基本视图中绘制各零件的主要结构部分(底稿)

绘制过程中注意以下问题:

(1)从主视图画起,几个视图配合进行绘制,先画基本视图,后画非基本视图。

(2)注意装配主干线与较大的主要零件(如壳体、箱体等)。

画装配图一般比画零件图要复杂些,因为零件多,又有一定的相对位置关系。为了使底稿画得又快又好,必须先考虑各个零件的画图顺序,才便于在图上确定每个零件的具体位置,并且少画一些不必要的(被遮盖的)图线。作图的基本顺序可分为两种:一种是围绕装配主干线进行考虑,根据零件间的主要装配关系来确定画图顺序,由里向外画。如例1:千斤顶装配图的绘制过程;另一种是由外向里画,即先画较大的主要零件的外形轮廓,后画里面的小件;如例2:旋塞装配图的绘制过程。这两种方法各有优、缺点,一般情况下,将它们结合使用。

(3) 注意保证各零件之间的正确装配关系。

4. 在各视图中画出装配体的细节部分

5. 标注尺寸和画剖面线,检查底稿后进行编号和加深

6. 填写明细表、标题栏和技术要求,全面检查图样

6.5.3 装配图绘制过程

1. 例:千斤顶装配图的绘制过程

如图6-18所示为机械式千斤顶结构示意图,沿同一方向旋转绞杠,使螺旋杆与螺套(螺套不动,通过固定螺母连接于底座,使用时底座固定)的螺纹副产生相对运动关系,从而带动顶垫起升或下降,而达到起重所需的高度功能。图6-20为千斤顶主要零件图。

千斤顶的工作位置如图6-18所示。以箭头方向作为主视图的投影方向。视图表达方案如图6-21(d)所示。主视图为通过螺旋杆轴线剖切的全剖视图,并对支承杆长槽处作局部剖视。这样画出的主视图即符合工作位置,又表达了它的形状特征、工作原理和零件间的装配连接关系。但对绞杠部位装配及工作的主要结构都尚未表达清楚,因此需选用 $A-A$ 对螺旋杆局部结构的断面图,如图6-21(d)所示。

图6-21为千斤顶装配图绘制过程。

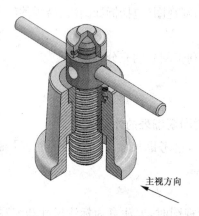

图6-18 千斤顶结构示意图

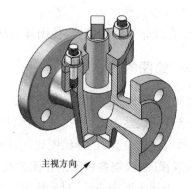

图6-19 旋塞结构示意图

2. 例:旋塞的绘制过程

如图6-19所示为旋塞结构示意图,旋塞是最常见的一种阀体,可控制经过流体的通止和流量。其主要由壳体、压盖和塞子等零件组成,使用时将壳体两端的法兰接入管道或设备,塞子下端开圆孔的锥部插入壳体内腔与其下端开有通孔的锥孔配合,在壳体内腔上部通过双头螺柱连接压紧填料和压盖。工作时随着塞子的旋转控制经过旋塞流体的流量和通止状态。图6-22为旋塞主要零件图。

旋塞的结构示意图如图6-19所示,以箭头方向作为主视图的投影方向。在旋塞的装配图中,主视图沿着装配主线(壳体、塞子、压盖的中心轴线重合)采用了全剖,主要表达各零件的位置关系。左视图以表达外部结构为主,局部剖部分主要表达压盖与壳体的连接情况。A向视图一方面体现了双头螺柱连接的分布情况,另一方面体现了塞子端部的结构形式。

图 6-23 为旋塞装配图绘制过程。

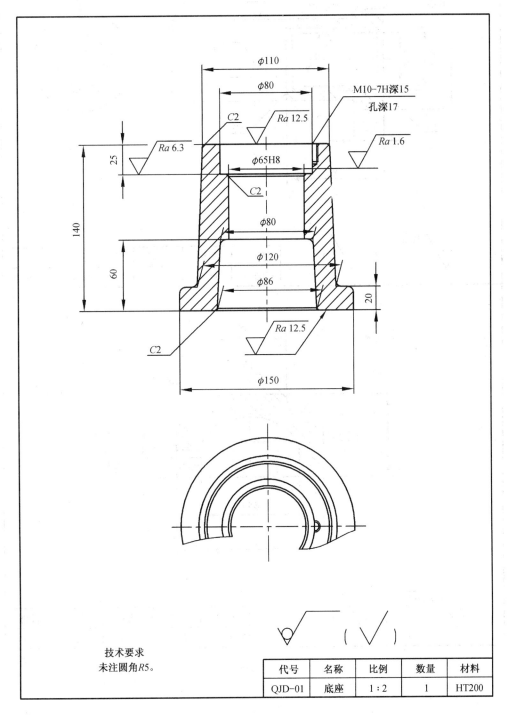

技术要求
未注圆角R5。

代号	名称	比例	数量	材料
QJD—01	底座	1∶2	1	HT200

(a)千斤顶零件图(一)

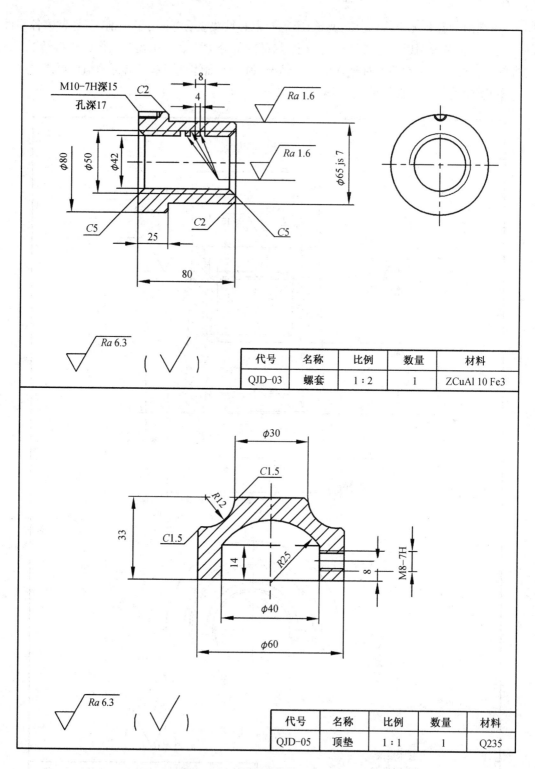

代号	名称	比例	数量	材料
QJD-03	螺套	1:2	1	ZCuAl 10 Fe3

代号	名称	比例	数量	材料
QJD-05	顶垫	1:1	1	Q235

(b) 千斤顶零件图(二)

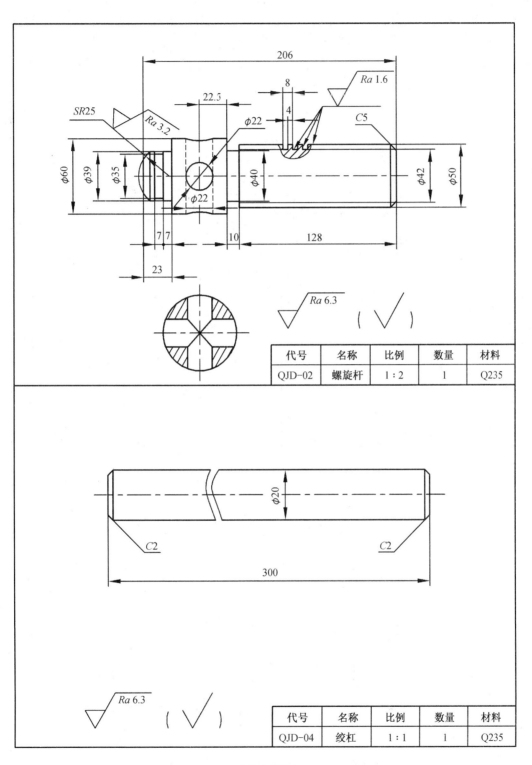

代号	名称	比例	数量	材料
QJD-02	螺旋杆	1∶2	1	Q235

代号	名称	比例	数量	材料
QJD-04	绞杠	1∶1	1	Q235

(c) 千斤顶零件图(三)

图 6-20　千斤顶零件图

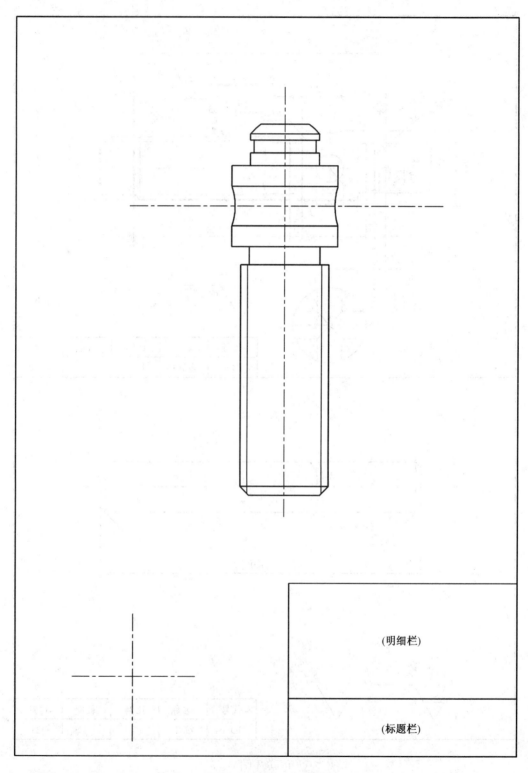

（a）中心线布图、绘制主要零件结构

（明细栏）

（标题栏）

（明细栏）

（标题栏）

（b）绘制装配体的其他零件

第 **6** 章 装配图

•133•

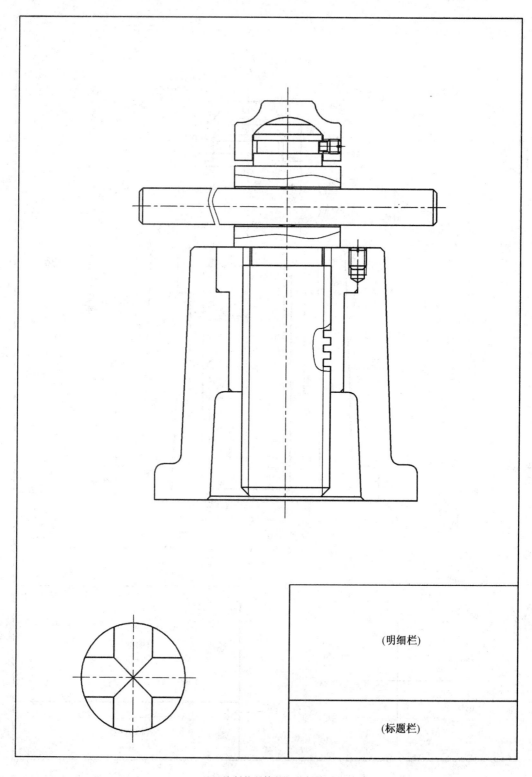

（明细栏）

（标题栏）

（c）绘制装配体的细节部分

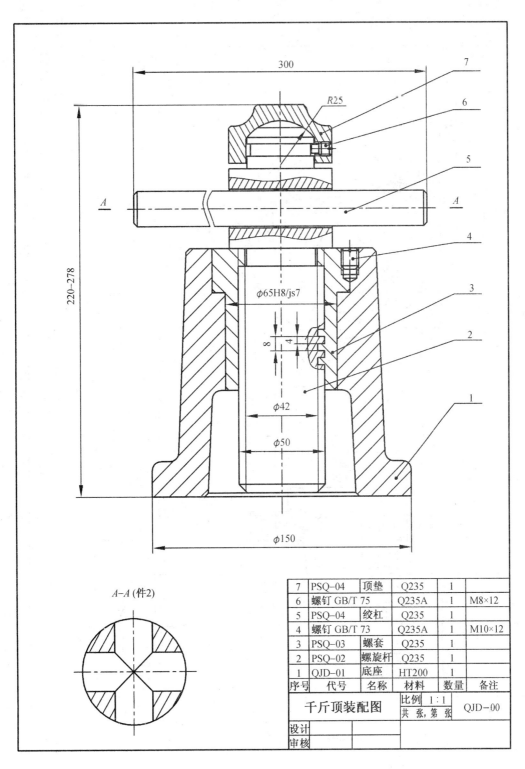

7	PSQ-04	顶垫	Q235	1	
6	螺钉 GB/T 75		Q235A	1	M8×12
5	PSQ-04	绞杠	Q235	1	
4	螺钉 GB/T 73		Q235A	1	M10×12
3	PSQ-03	螺套	Q235	1	
2	PSQ-02	螺旋杆	Q235	1	
1	QJD-01	底座	HT200	1	
序号	代号	名称	材料	数量	备注

千斤顶装配图	比例 1:1	QJD-00
	共 张, 第 张	
设计		
审核		

A-A (件2)

(d) 完成全图

图 6-21 千斤顶装配图绘制过程

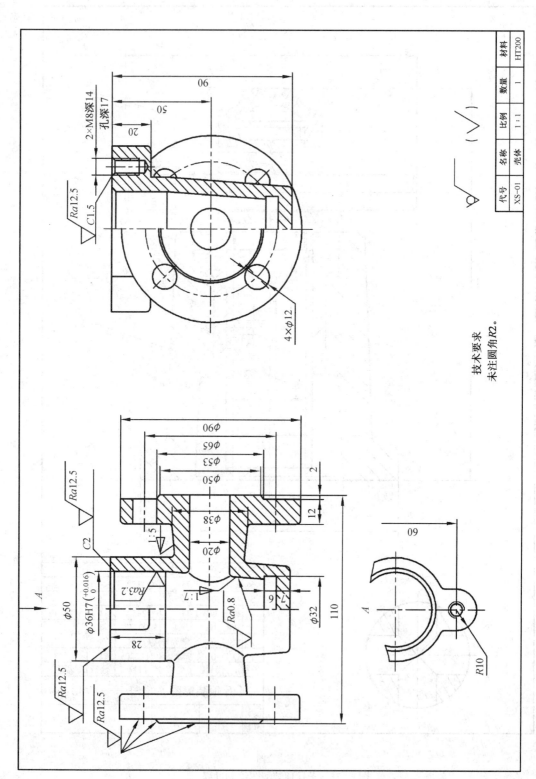

技术要求
未注圆角R2。

（a）旋塞零件图（一）

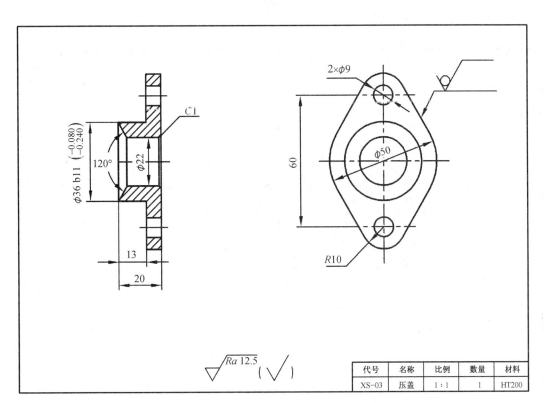

代号	名称	比例	数量	材料
XS-03	压盖	1:1	1	HT200

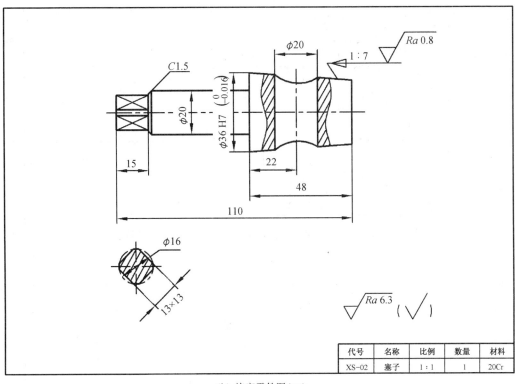

代号	名称	比例	数量	材料
XS-02	塞子	1:1	1	20Cr

（b）旋塞零件图（二）

图 6-22　旋塞零件图

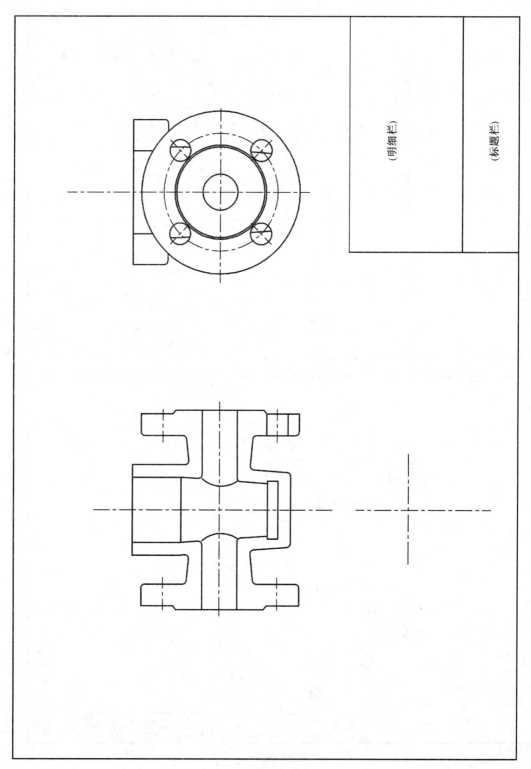

（明细栏）

（标题栏）

（a）中心线布图、绘制主要零件结构

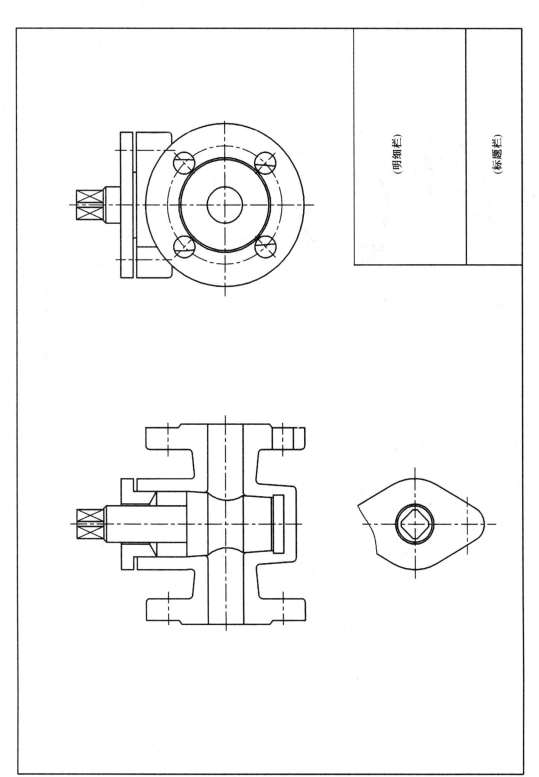

(明细栏)

(标题栏)

(b) 绘制装配体的其他零件

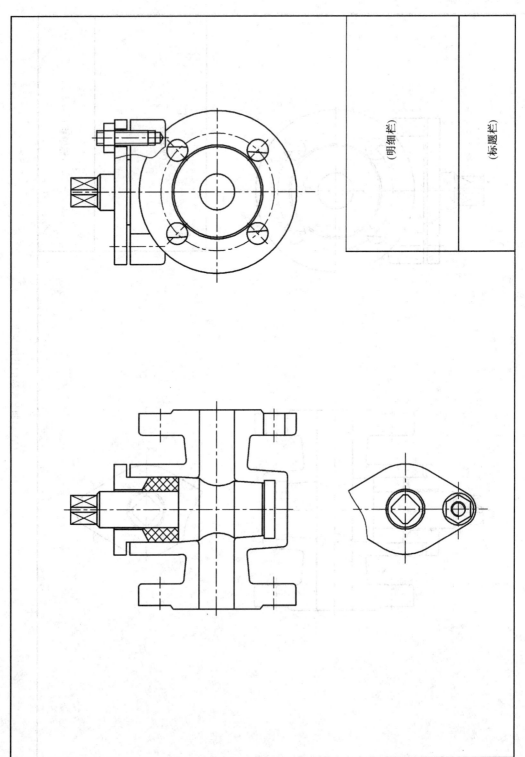

（明细栏）

（标题栏）

(c) 绘制装配体的细节部分

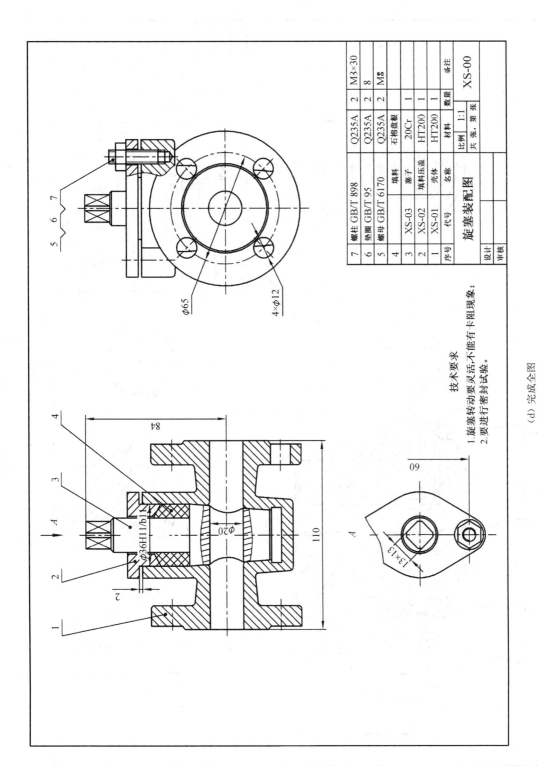

7		螺柱 GB/T 898		Q235A	2	M3×30
6		垫圈 GB/T 95		Q235A	2	8
5		螺母 GB/T 6170		Q235A	2	M8
4		填料		石棉盘根	1	
3	XS-03	塞子		20Cr	1	
2	XS-02	填料压盖		HT200	1	
1	XS-01	壳体		HT200	1	
序号	代号	名称		材料	数量	备注
设计		旋塞装配图		比例	1:1	XS-00
审核				共 张	第 张	

技术要求

1. 旋塞转动要灵活,不能有卡阻现象;
2. 要进行密封试验。

(d) 完成全图

图 6-23 旋塞装配图绘制过程

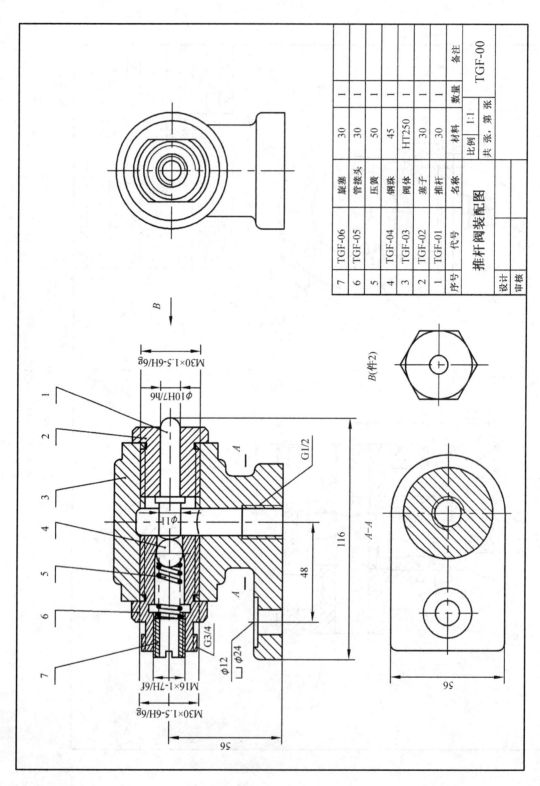

图 6-24　推杆阀装配图

7	TGF-06	旋塞	30	1	
6	TGF-05	管接头	30	1	
5	TGF-04	压簧	50	1	
4	TGF-03	钢珠	45	1	
3	TGF-03	阀体	HT250	1	
2	TGF-02	塞子	30	1	
1	TGF-01	推杆	30	1	
序号	代号	名称	材料	数量	备注
推杆阀装配图			比例 1:1		TGF-00
			共 张，第 张		
设计					
审核					

6.6 装配图的阅读与零件图拆画

6.6.1 装配图的阅读

在进行机器或部件的设计、制造、装配、检验、使用、维修以及技术革新、技术交流等生产活动中,都会遇到阅读装配图的情况。一般来说阅读装配图的要求是:

(1)了解各个零件相互之间的相对位置、连接方式、装配关系和配合性质等。

(2)了解各个零件在机器或部件中所起的作用、结构特点和装配与拆卸的顺序。

(3)了解机器或部件的工作原理、用途、性能和装配后应达到的技术指标等。

1. 概括了解部件的作用及其装配图的内容

看装配图时,首先概括了解一下整个装配图的内容,从标题栏了解此部件的名称,再联系生产实践知识可以知道该部件的大致用途。从零件序号及明细栏中,了解零件的名称、数量、材料及在机器或部件的中的位置。

图 6-24 所示为推杆阀的装配图。推杆阀是一种安装在管路系统的启闭件。对照零件序号和明细栏可以看出它是由阀体、管接头、旋塞等 6 个零件和 1 个常用件弹簧组成。装配图的绘制比例为 1∶1。

2. 深入分析

这是看图的重要环节。主要包括详细弄清楚机器或部件的工作原理、结构特点、零件间的装配关系以及每个零件在机器或部件中的功用和大致情况等。以下分五个主要方面来分析,需注意的是,在分析的过程中,这五个方面是同步进行的。

(1)工作原理

从相关资料与装配图可以分析出,在的工作过程中,当杆 1 受外力作用向左移动时,钢珠 4 压缩弹簧 5,阀门被打开。当去掉外力时,钢珠在弹簧的作用下将阀门关闭。

(2)分析视图

通过对装配图中各视图表达内容、表达方法的分析,了解各视图的表达重点和几个视图的关系。推杆阀的装配图共用 3 个基本视图与 1 个向视图来表达。

主视图采用全剖,表达了阀的装配主干线,即杆 1、塞子 2、钢珠 4、弹簧 5、管接头 6 和旋塞 7 在水平方向共轴线的装配关系,同时也表达了零件阀体 3 的"T"形内部孔状结构以及部件的整体外形。俯视图沿着 A-A 剖切,主要表达阀体 3 在 A-A 处的截断面形状和阀体支撑与外联部位的端部形体特征(内部特征主视图已表达)。左视图主要通过视图补充表达阀体 3 的外形结构特征、旋塞 7 与管接头 6 的端部形状及其连接关系。向视图 B 是对塞子 2 端部形状的补充表达。

(3)分析尺寸

认真分析装配体上的尺寸标注,对于分析零件间的配合关系、密封连接、外形大小和部件的整体工作性能、规格及位置有着重要的作用。如图 6-24 中 φ11 是阀的通孔孔径,属于规格尺寸;$\phi 10H7/f6$ 是推杆 1 与塞子 2 塞孔的配合尺寸;M30×1.5-6H/6g 与 M16×1-7H/6g 是部件的密封连接尺寸;G1/2 与 G3/4 为部件的外部连接与安装的定形尺寸,48 与 56(主视图中)为相关定位尺寸;116、56(俯视图中)分别为部件的总长和总宽。

（4）分析零件的形状与作用

深入了解机器或部件的结构特点,需要分析组成零件的结构形状和作用。对于装配图中的标准件和一些常用的简单零件,其作用和结构形状比较明确,无需细读,而对主要零件的结构形状必须仔细分析。

分析时一般从主要零件开始,再看次要零件。首先对照明细栏,在编写零件序号的视图上确定该零件的位置和投影轮廓,按视图的投影关系及根据同一零件在各视图中剖面线方向和间隔应一致的原则来确定该零件在各视图中的投影。然后分离其投影轮廓,先推想出因其他零件的遮挡或因表达方法的规定而未表达清楚的结构,再按形体分析和结构分析的方法,弄清零件的结构形状。

（5）分析零件间的装配关系

零件间的装配关系通常从反应装配主线的相关视图入手。如从(1)、(2)项的分析可看出阀的装配主干线只有一条,反应在主视图上。在水平方向上塞子 2 与管接头 6 通过螺纹连接旋入阀体两端;右端杆 1 与塞子 2 的塞孔配合,左端伸入管接头内孔并与其中的钢珠 4 接触。

3. 综合考虑,归纳总结

在看懂工作原理、装配关系之后,再结合图上所注的尺寸、技术要求等对全图作总结归纳,看是否还有尚未弄懂的地方,零件的拆装顺序和方法如何,装配、检验要达到怎样的技术指标等。这样经过反复思考,就能达到看懂装配图的目的。

上述看装配图的方法和步骤只是一个概括的说明,实际上看装配图的几个步骤往往是交替进行的。只有通过不断实践,才能掌握看图的规律,提高看图能力。

6.6.2　由装配图拆画零件图

由装配图拆画零件图,是设计工作的重要组成部分。拆画零件图是在看装配图的基础上进行的。下面介绍有关拆图的几个问题:

1. 确定零件的形状

装配图主要表示零件间的装配关系,至于每个零件的某些个别部分的形状和详细结构并不一定都已表达完全。因此,在拆画零件图之前,必须完全弄清该零件的全部形状和结构。对于在装配图中,未能确切表达出来的形状应根据零件的设计要求和工艺知识合理地确定。

除此之外,拆画零件图时,还应把画装配图时省略的某些结构要素(如铸造圆角、沉孔、螺孔、倒角、退刀槽等)补画出来,使零件结构合理,符合工艺要求。

因此,完整地构思出零件的结构形状是拆画零件图的前提。

2. 分离零件

一般来说,如果真正看懂了装配图,分离零件也就不会存在什么问题。要正确分离零件,一是要通过对该零件在部件中的作用及其应有的结构形状的了解;二是要根据投影关系划分该零件在各个视图中所占的范围,以同一零件的剖面线方向和间隔相同为线索进行判断,弄清楚哪些表面是接触面,哪些地方在分离时应补画线条等。如图 6-25(a)为从阀装配图中拆画出来的阀体零件图。

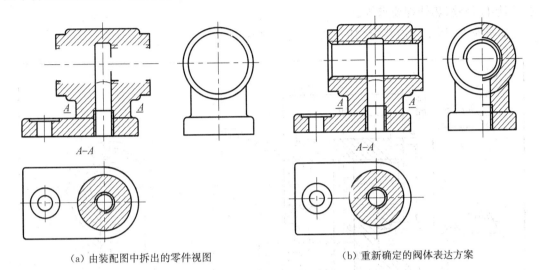

(a) 由装配图中拆出的零件视图   (b) 重新确定的阀体表达方案

图 6-25　阀体零件的拆画过程

3. 零件的表达方案确定

拆画零件图时,零件的表达方案是根据零件的结构形状特点考虑的,不强求与装配图一致。在多数情况下,壳体、箱座类零件主视图所选的位置可以与装配图一致。这样做,装配机器时,便于对照,如泵体。对于轴套类零件,一般按加工位置选取主视图。

如图 6-25(b)为拆画出来的阀体零件图的表达方案。根据其结构特点,其主视图的投影方向与图 6-24 推杆阀装配图中所示的相同。

4. 零件的尺寸标注

总的来说,零件图上的尺寸标注要达到正确、完整、清晰、合理的要求。具体来说,拆画零件图时,其尺寸标注可按下列方法进行。

(1)"抄":凡装配图中已注出的有关尺寸,应该直接抄用,不要随便改变它的大小及其标注方法。相配合零件的同一尺寸分别标注到各自的零件图上时,其所选的尺寸基准应协调一致。

(2)"查":凡属于标准结构要素(如倒角、退刀槽、砂轮越程槽、沉孔、螺孔、键槽等)和标准件的尺寸,应根据装配图中所给定的公称直径或标准代号,查阅有关标准手册后按实际情况选定。公差配合的极限偏差值,也应该从有关手册查出并按规定方式标注。

(3)"算":例如:齿轮轮齿部分的尺寸,应根据齿数、模数和其他要求计算而得。若在部件的同一方向,要求由多个零件组装成一定的装配精度,那么,每个零件上有关尺寸的极限偏差值也应通过计算来核定。

(4)"量":凡装配图中未给出的,属于零件自由表面(不与其他零件接触的表面)和不影响装配精度的尺寸,一般可按装配图的画图比例,用分规和直尺直接在图中量取,然后加以圆整。

5. 零件的表面粗糙度和技术要求

画零件图时,应该注写表面粗糙度代号,它的等级应根据零件表面的作用和要求来确定。配合表面要选择恰当的公差等级和基本偏差。根据零件的作用还要加注必要的技术要求,如形位公差、热处理要求等。

如图 6-26 所示为由装配图拆画出的阀体的零件图。

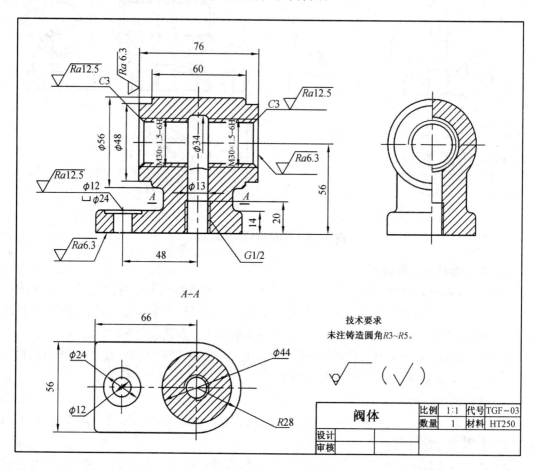

图 6-26　阀体零件图

第7章 零部件测绘

生产中使用的零件图和装配图在通常情况下根据以下两种情况绘制：

（1）在设计部件或机器时，根据使用要求先画出确定部件或机器主要结构的装配图，然后再根据装配图拆画零件图。

（2）对现有机器、部件或者零件进行实物拆卸测量，选择合适的表达方案，测量尺寸，确定技术要求，并绘制出其零件草图，最终绘制出零件工作图与装配图。

根据现有机器或部件画出零件草图并进行测量，然后绘制装配图和零件图的过程称为零部件测绘。机器或部件测绘无论对推广先进技术，交流生产经验，改进现有设备等都有重要的作用，因此测绘是工程技术人员必须掌握的基本技能。本章仅对相关内容作基础性的介绍。

7.1 零部件测绘概述

7.1.1 零部件测绘的应用及意义

零部件测绘在生产实践中应用比较广泛，最主要应用在以下两个方面：

1. 新产品设计、机器仿制或技术存档

为了设计新产品，可对有参考价值的机械设备或产品进行测绘，将其结果作为设计的技术参考。对一些新引进的高端设备和改革性试制的产品，由于缺乏相关的技术资料和图纸，也通过测绘来进行仿制。这种测绘工作量相对较大，要求较高，但可为产品的设计提供宝贵经验并降低成本。

2. 维修、检测或改进机器

在机器因为某些零部件损坏不能正常工作，又无图样可查时，通常通过零部件测绘来满足修配工作。有时，为了改善和提高机器设备的性能，会对机器的某些零部件或机构进行改进设计，测绘是其中比较重要的一环。这种测绘通常工作量相对较小，并且具有明确的目的性。

另外，对处于学习阶段的学生而言，零部件测绘的训练既是对"机械工程制图"课程所学相关知识的综合实践应用训练,也是对专业基础素质、创新意识和团队协作精神的积极培养。

7.1.2 零部件测绘的要求及准备工作

在测绘工作中,保持认真、细致、严谨的工作态度是最基本的要求。在绘制设计草图和在现场进行测绘时,因环境条件的限制,大多数情况下都采用徒手画草图的方式进行。

1. 测绘前的准备工作

(1)充分了解测绘对象,收集测绘对象的原始资料,如产品说明书和维修手册等相关的技术资料与文献。

(2)准备并查阅有关拆卸、测量、制图等相关标准、手册和技术规范。

(3)制定明确的小组分工与测绘工作计划。

(4)准备相关的现场测量、绘图与计算工具,如拆卸工具、测量量具和绘图用具等。

2. 测绘过程中的注意事项

(1)注意对被测对象的保护,尤其是对加工面与精密件的保护。如恰当的拆卸和搬运方法、合理的放置位置和必要的保护措施等。

(2)草图作为绘制零件图的重要依据,应包括零件图的所有内容。草图以绘制的越详细,越清晰为佳,做到“草图不草”和“内容俱全”的原则。

7.1.3 徒手画图

徒手画图要求不用绘图仪器和工具,靠目测的比例,徒手画出工程图样草图。徒手绘图是工程技术人员的一项重要的基本技能,要经过不断实践才能逐步提高。

为了提高绘图的速度和质量,可在坐标纸上进行徒手画图。利用坐标纸可以很方便地控制图形各部分的大小比例,并保证各个视图之间的投影关系。画图时,应尽可能使图形上主要的水平、垂直轮廓线以及圆的中心线与坐标纸上的线条重合,这样有利于图形的准确。

1. 徒手画图的要求

(1)图形正确、图线清晰且粗细分明;

(2)画线要稳,目测比例应尽可能协调一致;

(3)标注尺寸正确,字体工整且清楚。

2. 徒手画图尺寸的确定——目测法

在徒手绘图时,重要的是保持物体各部分的比例。在实际的测绘现场通常是通过目测的方法来完成草图绘制的。在绘图前,被测物体的尺寸比例需认真拟定。绘图过程要随时将新的目测尺寸与拟定比例进行对比。

在测绘较小的物体时,可以将铅笔当直尺直接放在实物上测各部分的线性尺寸,如图7-1(a)所示,然后按测量的大体尺寸画出草图。也可用此方法估算出各部分的相对比例,然后按此相对比例画出缩小的草图。测绘较大的物体时,可以如图7-1(b)所示,用手握一支铅笔进行目测度量。注意人的位置应保持不动,握铅笔的手臂要伸直。人和物体的距离大小,应根据所绘制图形的大小来确定。

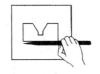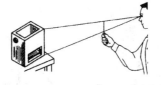

（a）较小物体的目测 　　　　　　　　（b）较大物体的目测

图 7-1　常用的目测方法

3. 徒手画图的方法

徒手画图时，要根据绘图要求，选用合适的铅笔、橡皮和图纸。徒手绘图时，图纸不必固定，因此可以随时转动图纸，使欲画的图线正好是顺手方向。为方便绘图常使用坐标纸进行绘图，可尽量让图形中的横竖直线与坐标纸的网格对齐，以便画好图线。

（1）直线的画法

绘制直线时，手腕悬空，小手指可靠着纸面，以保证线条画得直。但在画线过程中眼睛应盯住线段的终点，而不应盯住铅笔尖，以保证所画直线的方向正确。如图 7-2 所示。

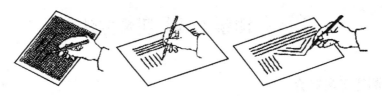

图 7-2　直线的画法

（2）圆的画法

徒手画圆时，应先作两条互相垂直的中心线，定出圆心，再根据直径大小，用目测估计半径的大小后，在中心线上截得四点，便可画圆。对于较大的圆，还可再画一对 45°的斜线，按半径在斜线上再定出四个点，即可通过八个点徒手连接成圆。如图 7-3 所示。必要时，较大弧度的圆和圆弧可用仪器来绘制。

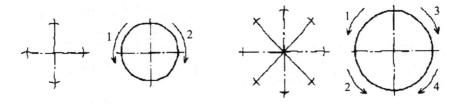

图 7-3　圆的画法

（3）常用角度的画法

当绘制与水平线成 30°、45°和 60°等夹角的斜线时，可根据两直角边的近似比例关系，先定出两端点，然后连接两点即为所画的斜线，如图 7-4 所示。

（4）椭圆、圆角及圆弧连接的画法

此类图形主要利用与正方形、菱形相切的特点进行画图。如图 7-5 所示。

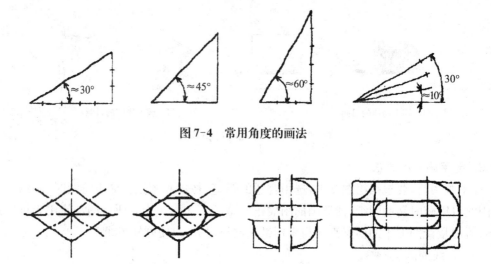

图 7-4　常用角度的画法

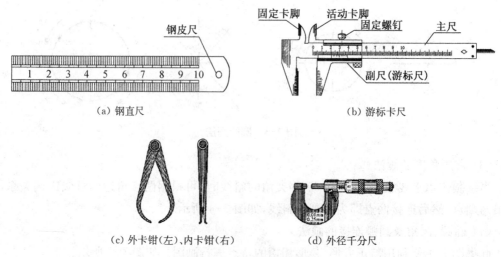

图 7-5　椭圆、圆角及圆弧连接的画法

7.2　测绘工具与测量方法

7.2.1　测量工具简介

　　常用的测量工具主要分为通用量具、标准量具、量仪和其他测量器具。另外还有平板、方箱和 V 形铁等辅助测量工具。

　　通用量具主要用来测量各种零件的尺寸、角度和形状等。较简单的工具有钢直尺、外卡钳和内卡钳。测量较精密的零件时,要用游标类量具、螺旋式千分量具和仪表式量具,如游标卡尺、内径千分尺、外径千分尺、百分表等。这类量具中除了内、外卡钳等少数工具外,其他都带有刻度,在测量时可直接读出尺寸。常见的通用量具如图 7-6 所示。

钢皮尺

固定卡脚　活动卡脚　固定螺钉　主尺

副尺(游标尺)

(a) 钢直尺　　　　　　　　　　　　(b) 游标卡尺

(c) 外卡钳(左)、内卡钳(右)　　　(d) 外径千分尺

图 7-6　常见的通用量具

标准量具中最常见的有 90°角尺、螺纹样板(螺纹规)、半径样板(圆角规)、螺纹量规、量块和塞尺等,这类量具的测量值是固定的,又称为定值量具。常见的量仪有光学计和显微镜等,多用于精密测量。

7.2.2 几种常用的测量方法

1. 线性尺寸

测量线性尺寸(长、宽、高),一般可用钢直尺或游标卡尺直接测量,如图 7-7 所示。

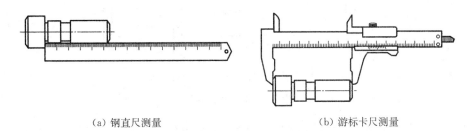

(a) 钢直尺测量　　　　　　　　　　　　(b) 游标卡尺测量

图 7-7　线性尺寸的测量

2. 回转面的直径

测量回转面的直径一般可用内、外卡钳测得,但必须借助钢直尺才能读出尺寸数字。较为精密的测量直接使用游标卡尺或千分尺。如图 7-8(a)、(b)所示。在测量阶梯孔的直径时,若遇到内大外小的情况可使用内外同值卡进行测量。如图 7-8(c)所示。

3. 测量壁厚、孔间距和中心高

壁厚、孔间距和中心高在测量的过程中通常都需要进行相关尺寸的计算。三者一般可以直接用钢直尺或游标卡尺进行测量,但有时也需要内、外卡钳配合测量。

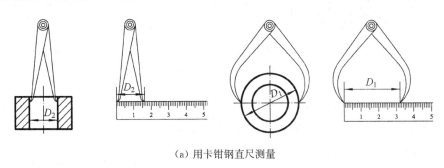

(a) 用卡钳钢直尺测量

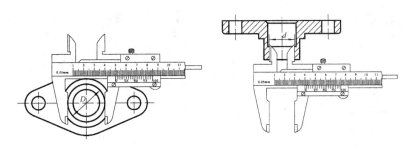

(b) 游标卡尺测量

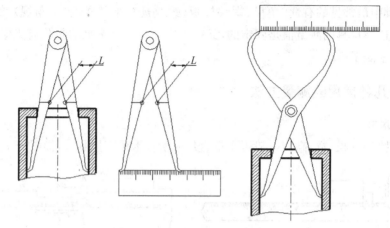

(c) 用卡钳、内外同值卡测量

图 7-8　回转面的测量

如图 7-9(a)为用钢直尺测量,形体的底壁厚度 $Y = C - D$。图 7-9(b)所示为当被测部分孔径较小时用带测量深度的游标卡尺测量。对于钢直尺和游标卡尺都无法测得的侧壁厚度 $Y = A - B$,则是由钢直尺与卡钳配合测量得到的,如图 7-9 所示。

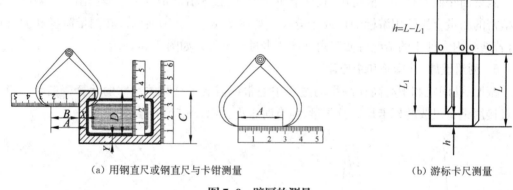

(a) 用钢直尺或钢直尺与卡钳测量　　　　　　　　　　　(b) 游标卡尺测量

图 7-9　壁厚的测量

图 7-10 所示为利用钢直尺和内外卡钳测量孔间距和中心高的方法。图 7-10(a)中的中心高 $H = A + d/2$,图 7-10(b)中的孔间距分别为 $L = K + d$、$L = K - (D + d)/2$。

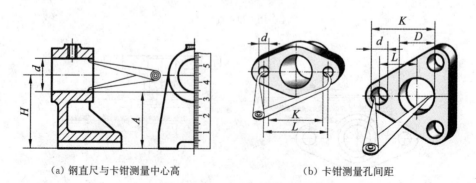

(a) 钢直尺与卡钳测量中心高　　　　　　　　　　　(b) 卡钳测量孔间距

图 7-10　孔间距和中心高的测量方法

4. 测量圆角

一般用半径样板(又称圆角规)测量。每套圆角规有很多片,一半测量外圆角,一半测量内圆角,每片刻有圆角半径的大小。测量时,只要在圆角规中找到与被测部分完全吻合的片,从该片上的数值就可知圆角半径的大小,如图 7-11 所示。

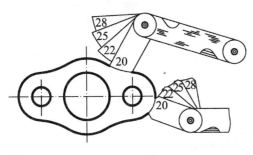

图 7-11　半径样板测量圆角

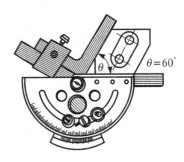

图 7-12　量角规测量角度

5. 测量角度

测量角度一般用量角规,如图 7-12 所示。

6. 测量曲线与曲面

曲线和曲面要求测得较为精确时,必须用专用量仪进行测量。对精度要求不高时,可采用以下三种方法测量:

(1) 拓印法:对于尺寸相对较小、端面平整零件,可直接在纸上拓出其轮廓形状,然后用几何作图的方法求出各段圆弧的半径和圆心位置。如图 7-13(a)所示。

(2) 铅丝法:对于零件上母线为曲线的回转面,其母线曲率半径的测量,可用铅丝弯成与回转面素线吻合的平面曲线,然后判定曲线的圆弧连接情况,最后用中垂线法,求得各段圆弧的中心,测量其半径,如图 7-13(b)所示。

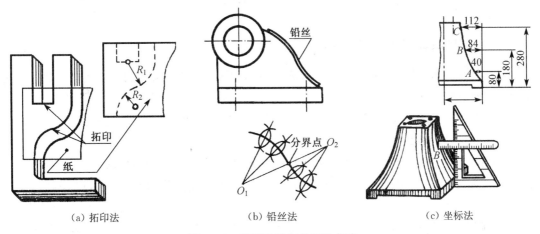

(a) 拓印法　　　　　　　　(b) 铅丝法　　　　　　　　(c) 坐标法

图 7-13　粗测曲线与曲面的方法

(3) 坐标法:一般的曲线和曲面都可用钢直尺和三角板配合定出曲面上各点的坐标,在图上画出曲线,或求出曲率半径,如图 7-13(c)所示。

7. 测量螺纹螺距

螺纹在测量中需先判定其牙型和线数,螺距可通过拓印法和螺纹样板(又称螺纹规)测量,如图 7-14 所示。需注意用拓印法得出的螺距值仅为选定标准螺距值的参考值。

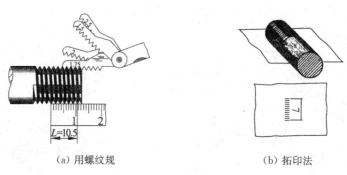

(a) 用螺纹规   （b) 拓印法

图 7-14　测量螺距

8. 测量齿轮模数

对于标准圆柱齿轮,其齿轮的模数可以先用游标卡尺测得其齿顶圆直径 d_a,数出其齿数 z,再根据公式 $m=d_a/(z+2)$ 算出模数值。需注意算出的模数值仅为选定标准模数值的参考。

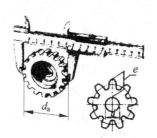

图 7-15　测算齿轮模数

7.2.3　测量工具的使用要求

(1) 根据被测零件的精度要求不同,选择不同的测量工具。如对于加工面的尺寸,一定要用较精密的量具。

(2) 测量时应保持被测零件的自由状态,防止因夹具的夹持不当或零件受到接触压力而造成零件变形,影响尺寸准确性。另外,注意避免测量工具对被测零件的划伤。

(3) 按照重要性的不同,部分尺寸应多测几次,以得到相对准确的数据。

① 关键零件的尺寸、零件的重要尺寸和精密尺寸,应反复测量若干次,以得到稳定的数据。

② 测量较大的孔、轴、长度等尺寸时,必须考虑其几何形状误差的影响,应多测几个点取平均值。

(4) 读取测量数值时,视线应与被测读数的数值垂直,否则会因视线倾斜造成读数误差。

7.3 零件测绘的过程与方法

零件测绘包括零件分析、确定零件表达方案、测量并确定零件尺寸、确定零件各项技术要求及完成零件工作图等过程。本节以填料压盖为例说明零件测绘的过程。

7.3.1 了解和分析零件

（1）分析了解零件在机器或部件中的位置和作用及名称。

（2）对零件进行结构分析，弄清每一处结构的形状、特点和作用。特别是在测绘破旧、磨损和带有缺陷的零件时尤为重要。在分析的基础上对零件的缺点进行必要的改进，使该零件的结构更为合理和完善。

（3）对零件进行工艺分析。同一零件可以采用不同的加工方法，它影响零件结构形状的表达、基准的选择、尺寸的标注和技术条件要求，是后续工作的基础。

图 7-16　分析测绘零件—填料压盖

如图 7-16 所示的填料压盖，它是旋塞（结构示意及分析、装配图及零件图参见本书"装配图"章节中"装配图的绘制"部分）上的一个重要零件。填料压盖与壳体通过双头螺柱连接在一起，下端深入壳体内腔并与其配合，起到对壳体内腔填料的压紧作用。

7.3.2 确定表达方案，绘制零件草图

1. 确定零件表达方案

首先要根据零件的结构形状特征、工作位置及加工位置等情况选择主视图，然后选择其他视图、剖视、断面等。要以完整、清晰地表达零件结构形状为原则。如图 7-16 所示压盖，选择其加工位置方向为主视图，并作全剖视图，它表达了压盖轴向板厚、圆筒长度、三个通孔等内外结构形状。选择左视图，表达压盖的外形结构和三个孔的相对位置。

2. 绘制零件草图

零件草图是绘制零件图的依据，必要时还可以直接指导生产，因此它必须包括零件图的全部内容。绘制零件草图的步骤如下：

（1）布置视图，画各主要视图的作图基准线。布置视图时要考虑标注尺寸的位置，如图 7-17 所示。

（2）以目测比例，徒手画出各视图。按照目测比例的方法和徒手的基本方法从主视图入手按投影关系完成各视图。仔细检查并修正表达方案后，加深粗实线并在剖视图上画剖面线。绘图时注意零件的主体结构，后画局部结构，并保持零件各个部分的比例一致。如图7-17(b)所示。

（3）选择尺寸基准，画出尺寸界线、尺寸线和箭头。如图 7-17(c)所示。

（4）测量并填写全部尺寸。如图 7-17(d)所示。

（5）确定零件各项技术要求，并填写标题栏。如图 7-17(d)所示。

（6）绘制零件工作图。绘图过程与草图绘制的步骤基本相同，此处不再重复。

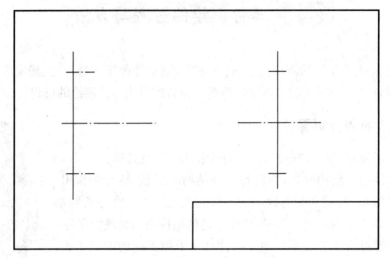

（a）布置视图，画各主要视图的作图基准线

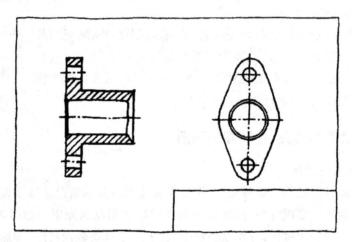

（b）以目测比例，徒手画出各视图

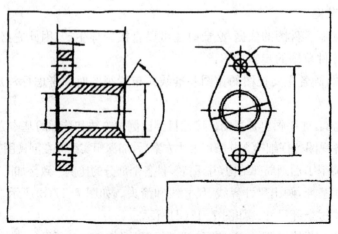

（c）选择尺寸基准，画出尺寸界线、尺寸线和箭头

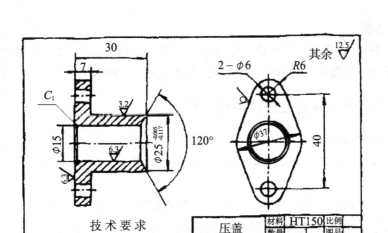

(d) 尺寸、技术要求和标题栏注写

图 7-17　填料压盖零件草图的绘制过程

7.3.3　尺寸测量与数据处理

1. 基本要求

零件的尺寸有的可以直接量得，有的要经过一定的运算后才能得到。测量时应尽量从基准面出发以减少测量误差。同时，测量中要注意避免尺寸换算以减少错误，测量所得的尺寸还必须进行尺寸处理。

2. 尺寸圆整

由于零件存在着制造误差、测量误差及使用中的磨损，按照实际情况测量的尺寸往往不成整数。标注尺寸时根据零件尺寸的实测值进行原设计尺寸推断的过程称为尺寸圆整。尺寸圆整的方法有设计圆整法和测绘圆整法两类，测绘圆整法主要涉及极限与配合的确定，此处仅介绍设计圆整法。

（1）常规设计尺寸（主要尺寸）在圆整时，一般应按优先数系（GB 规定的系列化产品几何参数、性能参数和产品质量等级，见第 9 章常用设计及制图资料相关内容）中的 $R10$、$R20$ 和 $R40$ 系列圆整成整数，对于配合尺寸按照国家标准圆整。

（2）非常规的设计尺寸圆整基本要求为：性能尺寸、配合尺寸和定位尺寸允许保留到小数点的后一位，个别重要的关键性尺寸分为一般尺寸，允许保留到小数点的后两位，其他圆整到整数。

（3）非主要（功能）尺寸主要保证尺寸的实测值在圆整后符合国家标准的优先数、优先数系和标准尺寸，一般不保留小数。

3. 对主要尺寸的处理

（1）零件的配合尺寸要与相配零件的相关尺寸协调，即测量后尽可能将这配合尺寸同时标注在有关的零件上。

（2）对有些尺寸要进行复核，如齿轮传动的轴孔中心距，要与齿轮的中心距核对。

4. 其他要求

(1) 由于磨损、碰伤等原因而使尺寸变动的零件要进行分析,标注复原后的尺寸。

(2) 注意测绘过程中,将装配在一起的或有装配尺寸链的有关零件尺寸一起测量。

7.3.4　对零件上常见工艺结构的处理

(1) 不能漏画,如圆角、倒角、退刀槽、小孔、凹坑、凸台、沟槽等细小部位。

(2) 对于零件上的缺陷,如铸造缩孔、砂眼、毛刺、加工的瑕疵、磨损、碰伤等,不要画在图上。

(3) 凡是未经切削加工的铸、锻件,应注出非标准拔模斜度以及铸造圆角。

(4) 零件上的相贯线、截交线不能机械地照零件描绘,要在弄清其形成原理的基础上,用相应的作图方法画出。

7.3.5　对标准件及标准结构的处理

所有的标准件(如螺栓、螺柱、螺钉、螺母、垫圈、销、轴承等),只需量出必要的尺寸,不用画草图。后期结合相关的设计手册,确定出其规格、代号、标注方法和材料等,填入标准件明细表中即可。

对于零件上的标准结构要素测得尺寸后,应参照相应的标准查出其标准值,如齿轮的模数、螺纹的大径、螺距等。

7.3.6　材料与技术要求的确定

零件的表面粗糙度、公差、配合、热处理等技术要求,通常情况下根据零件的作用,参照类似的图样或资料,用类比法(如同一零件工作表面粗糙度值比非工作表面小等)加以确定。对极限配合可标注代号,不必注出具体公差数值。

零件的材料应根据该零件的作用及设计要求用类比法(如观察零件的用途、颜色、声音、加工方法、表面状态等,并与相近似机器的材料对比或查阅相关资料)进行确定。必要时可用火花鉴别或取样分析的方法来确定。对有些零件还要用硬度计测定零件的表面硬度。

7.4　部件测绘的过程与方法

前节所分析的零件测绘属于部件测绘的一部分。本节将以球阀的测绘为例讨论部件测绘的基本思路和方法。

7.4.1　全面了解与分析被测部件

对部件进行测绘前首先要对部件进行分析研究,了解其用途、性能、工作原理、结构特点以及零件间的装配关系。了解的方法是观察、研究、分析该部件的结构和工作情况,阅读有关的说明书和资料,参考同类产品的图纸,以及直接向有关人员广泛了解使用情况和改进意见等。

如图 7-18 所示,球阀是管路中用来启闭及调节流体流量的部件,它由阀体等零件和一些标准件所组成。球阀的工作原理是:阀体内装有阀芯,阀芯内的凹槽与阀杆的扁头相接,当用扳手旋转阀杆并带动阀芯转动一定角度时,即可改变阀体通孔与阀芯通孔的相对位置,从而起到启闭及调节管路内流体流量的作用。

图 7-18 球阀及其结构示意

球阀有两条装配干线,一条是竖直方向,以阀芯、阀杆和板手等零件组成。另一条是水平方向,以阀体、阀芯和阀盖等零件组成。

7.4.2 部件拆卸与装配示意图绘制

1. 部件拆卸

在拆卸过程中可以进一步了解部件中各零件的装配关系、结构和作用。拆卸前应先测量一些重要的装配尺寸,如零件间的相对位置尺寸、极限尺寸、装配间隙等,以便校核图纸和装配部件。拆卸时要研究拆卸顺序,对不可拆的连接和过盈配合的零件尽量不拆。拆卸要用相应的工具,保证顺利拆下,以免损坏零件。拆卸后要将各零件妥善保管,避免碰坏、生锈或丢失,以便测绘后重新装配时仍能保证部件的性能和要求。

2. 画装配示意图

装配示意图是在部件拆卸过程中所画的记录图样。它的主要作用是避免由于零件拆卸后可能产生错乱致使重新装配时发生疑难。此外在画装配图时也可作为参考。装配示意图所表达的主要内容是每个零件位置、装配关系和部件的工作情况、传动路线等,而不是整个部件的详细结构和各个零件的形状。

装配示意图的画法没有严格的规定。一般以简单的线条画出零件的大致轮廓,画机构传动部分示意图时应使用国家标准(机械制图:GB/T 4458.6—2002)规定的符号绘制。画装配示意图时,通常对各零件的表达不受前后层次、可见与不可见的限制,尽可能把所有零件集中画在一个视图上。如有必要,也可补充其他视图上。

3. 零件序号的编注

图形画好后,应将各零件编上序号或写出其零件名称,同时对已拆卸的零件应扎上标签。在标签上注明与示意图相同的序号或零件名称。对于标准件还应及时决定其尺寸规格,连同数量直接注写在装配示意图上,标准件较多时,可绘制标准件明细表。

7.4.3 各零件测绘并画出零件草图

按照本章7.3的内容,可绘制出球阀各主要零件的草图,此处仅给出阀体与阀盖的零件图,如图7-19所示。

7.4.4 由零件草图和装配示意图画出零件工作图和装配图

在画零件图和装配图时,要及时改正草图上的错误,零件的尺寸大小一定要画得准确,装配关系不能搞错,这是很重要的一次校对工作,必须认真仔细。

零件工作图和装配图的绘制方法前面已经分析,球阀的装配图如图7-20所示。

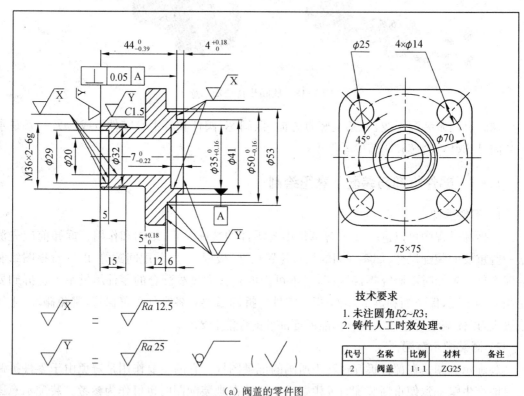

（a）阀盖的零件图

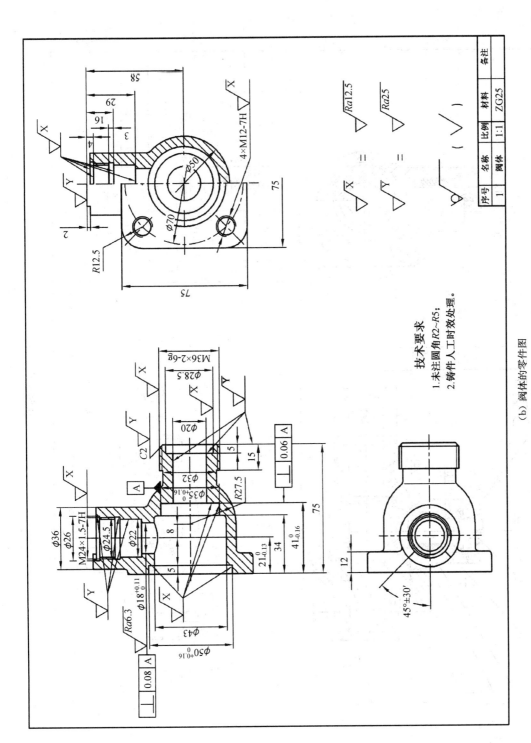

技术要求
1. 未注圆角R2~R5；
2. 铸件人工时效处理。

（b）阀体的零件图

图 7-19 球阀主要零件的表达方案

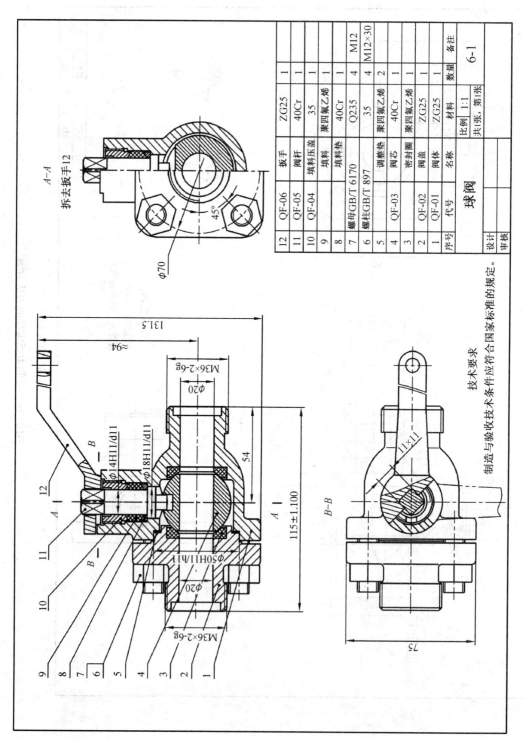

序号	代号	名称	材料	数量	备注
12	QF-06	扳手	ZG25	1	
11	QF-05	阀杆	40Cr	1	
10	QF-04	填料压盖	35	1	
9		填料	聚四氟乙烯	1	
8		填料垫	40Cr	1	
7	螺母GB/T 6170		Q235	4	M12
6	螺柱GB/T 897		35	4	M12×30
5	QF-03	调整垫	聚四氟乙烯	2	
4		阀芯	40Cr	1	
3		密封圈	聚四氟乙烯	2	
2	QF-02	阀盖	ZG25	1	
1	QF-01	阀体	ZG25	1	

球阀

设计		比例	1:1		6-1
审核		共1张，第1张			

技术要求
制造与验收技术条件应符合国家标准的规定。

图 7-20 球阀的装配图

A-A
拆去扳手12

φ70
45°

131.5
≈94
M36×2-6g
φ20
54
115±1.100
φ50H11/h11
φ20
M36×2-6g

φ14H11/d11
φ18H11/d11

B-B

11±11

75

展开图与焊接图

在工业生产中,经常会遇到各种金属板材制件,如容器、管道、船体、防护罩和接头等。随着知识经济时代的到来,企业生产逐步以面向用户的模式为主,板材制件的应用将更加广泛。制造这类产品时,必须知道其表面展摊在平面上的形状,以便完成下料,加工成形。传统的方法是画出表面展开图,然后下料,再经弯、卷成形,最后经焊接或铆接,制成产品。

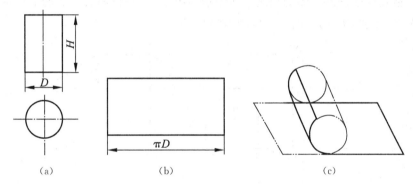

(a)　　　　　　　　(b)　　　　　　　　(c)

图 8-1　圆管展开图的概念

按制件表面的实际形状和大小依次毗连地画在一个平面上的图形称为表面展开图。画展开图应先按 1∶1 比例画出制件的投影图,然后根据投影图按一定方法画出展开图。如图 8-1(a)所示为圆管的投影图,图 8-1(b)为其展开图,图 8-1(c)为展开情况的示意图。

立体表面按其性质可分为可展表面与不可展表面两种。对于平面立体,其表面都是平面,均属于可展表面。对于曲面立体,根据曲面性质可分为可展曲面与不可展曲面两种。以直线为母线,相邻两素线构成一平面的圆柱面、圆锥面、切线面等均为可展曲面;以直线为母线,相邻两素线为交叉直线的曲面,如柱状面、锥状面、单叶双曲回转面等均为不可展曲面。以曲线为母线的曲面,如球面、环面等为不可展曲面。对于不可展曲面,通常采用近似方法展开。

绘制表面展开图可采用图解法或计算法。图解法是根据画法几何的投影原理,用几何作图的方法画出展开图,在生产实际中通常称为"几何放样"。计算法是根据已知表面的数学模型,建立相应的展开曲线的数学表达式,再计算出展开曲线上一系列点的坐标值,然后画出表面的展开图,这一过程称为"数学放样"。对于中、小型零件,采用图解法比较方便;对于尺寸较大的制件,采用计算法比较合适。

图解法是目前普遍应用的方法,本课程主要介绍图解法。然而,在现代工业生产中,智能制造和数控加工等先进加工方法的应用日益广泛,在使用数控切割机下料时,只要建立相应的展开曲线的数学表达式或给出一系列点的坐标值,就可以进行编程,实现自动下料。因此,计算法的应用会逐渐增多,本书结合部分实例对计算法做简单介绍。

8.1　平面立体的表面展开

平面立体的各个表面都是多边形,所以画平面立体表面的展开图,实际上就是将各个表面的实形依次展列在同一平面上。

8.1.1　棱柱制件的表面展开

对正棱柱制件,各个棱面都是矩形,求得各棱线的实长后,即可画出这些矩形。由于正棱柱的各棱线与底面垂直,将底面各边展开成一直线,以此展开线为基础,就可画出展开图。图 8-2 为正四棱柱表面展开图的画法。在图示情况下,水平投影表达底面的实形,正面投影表达了各直立棱线的实长,因而可直接画出展开图。

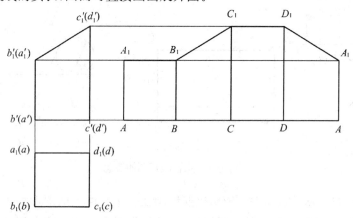

图 8-2　正四棱柱表面展开的画法

对斜棱柱制件,可以采用三角形法、正截面法和侧滚法。下面以图 8-3(a)所示的斜棱柱为例介绍这几种方法的作图步骤。

1. 三角形法

斜棱柱的三个侧棱面均为平行四边形,上下底面为相同的三角形。展开时用对角线将各棱面分解为三角形,求出各三角形的实形即可。具体作图步骤为:

(1) 将各棱面分解为三角形:作对角线 $AC(ac、a'c')$、$DF(df、d'f')$ 和 $BE(be、b'e')$。

(2) 求出三角形各边实长:用旋转法求出 AC、DF 和 BE 的实长,如图 8-3(b)所示。$a'c'$ $=AC$、$d'f'_1=DF$、$b'e'_1=BE$,其余各边在投影图上均为实长。

(3) 依次画出各三角形的实形,如图 8-3(c)所示即为棱柱的展开图。

作图时要利用平行直线的展开仍为平行直线的特性,从而提高作图的准确性和速度。

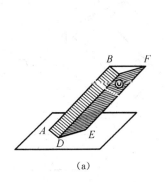

(a)

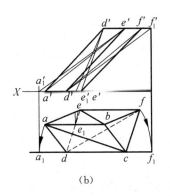

(b)

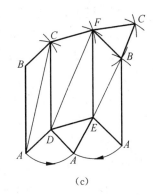

(c)

图 8-3 用三角形法求斜棱柱展开图

2. 正截面法

利用棱柱的正截面可以很方便地画出表面展开图,具体作图步骤为:

(1) 在棱柱中部作一正截面 P,如图 8-4(a)所示。三角形 $1_1 2_1 3_1$ 是截面实形,三角形 123 为水平投影,在空间的截交线为三角形 $I\ II\ III$。

(2) 将截交线展开成一直线 $I\ II\ III\ I$。

(3) 用展开正棱柱的方法画展开图,过 I,II,III,I 等点分别作垂直线,并截取 $IA=1'a'$、$IB=1'b'$、$IIC=2'c'$、$IID=2'd'$、$\cdots$,依次作出 A,D,E 和 B,C,F 各点。

(4) 连接各点即得斜棱柱制件的表面展开图,如图 8-4(b)所示。

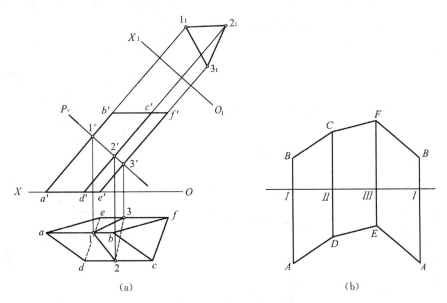

(a)

(b)

图 8-4 用正截面法求棱柱的展开

3. 侧滚法

当棱柱的棱线为投影平行线时,可以这些棱线为轴,依次旋转各棱面使其成为同一投影面的平行面,从而得到表面展开图(图 8-5)。

首先,以 AB 棱为轴进行侧滚,作棱面 $ABFE$ 的实形,作图步骤为:

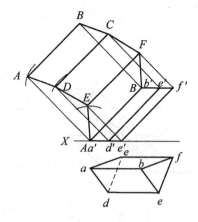

（1）过 e'、f' 作 $a'b'$ 的垂线。

（2）以 a' 为中心，ae 为半径作圆弧，交 $e'E$ 于 E。

（3）过 E 作 $EF//a'b'$，交 $f'F$ 于 F，即得 $ABFE$ 的实形。

同理，以 EF 棱和 CD 棱为轴进行侧滚，可求得棱面 $EFCD$ 和 $DCBA$ 的实形，从而得到棱柱表面展开图。

需要指出，如果棱柱是封闭体，则展开图中还应有 $\triangle ADE$ 和 $\triangle BCF$ 两部分，用三角形方法画展开图，这两部分直接画出，而在正截面法和侧滚法中，必须结合其他方法才能画出这两部分。因而平面立体的表面展开一般采用三角形法。

图 8-5 用侧滚法求斜棱柱的展开图

8.1.2 棱锥制件的表面展开

棱锥除底面外，所有棱面都是三角形。在求得棱锥棱线的实长后，用已知三边作三角形的方法即可得到展开图。

图 8-6(a) 为一截头四棱锥，各侧面均为四边形。其展开图作图步骤如下（图 8-6(b) 和 (c)）：

（1）延长四棱锥台各棱线，求出所得棱锥锥顶 $S(s,s')$。

（2）求四棱锥体 $SABCD$ 的展开图：分别求出 $\triangle SAD$、$\triangle SDC$、$\triangle SCB$ 和 $\triangle SBA$ 的实形。用旋转法求得三角形各边实长 $SA=s'a_1'$，$AD=ad$，$SD=s'd_1'$，$DC=dc$，$SC=s'c_1'$，$CB=cb$，$SB=s'b_1'$，$BA=ba$，多边形 $SADCBA$ 即为所求。

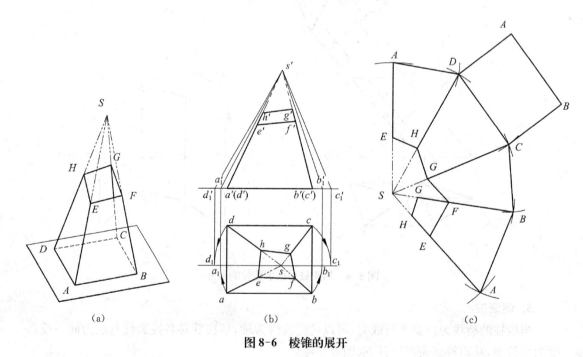

（a）   （b）   （c）

图 8-6 棱锥的展开

（3）求四棱锥体 $SEHGF$ 的展开图：分别求出 $\triangle SEH$、$\triangle SHG$、$\triangle SGF$ 和 $\triangle SFE$ 的实

形。作图过程在图 8-6(b)中没有画出，多边形 *SEHGFE* 即为所求。

（4）将上述两个多边形和 *EA* 依次连接起来，就得到棱锥台的展开图。如果上下有底，还要作出四边形 *DCBA* 和 *FEHG* 的实形。

8.2 可展曲面表面的展开

由直母线形成的锥面、柱面和切线面等曲面，其相邻两素线平行或相交，因而是可展的。用图解法可以准确画出其展开图。

8.2.1 圆柱表面的展开

圆柱制件的素线平行，棱柱制件的棱线平行，柱面可以认为是具有无穷多个棱线的棱柱。因此，棱柱的展开方法都可用于圆柱的展开。由于圆柱制件的素线展开后仍然互相平行，作图时可以利用这个特性。因此，圆柱制件的展开方法又称为平行线法。

1. 圆柱面的展开

如图 8-1 可知，一段圆柱面的展开图是一个矩形。矩形的一边长度为圆管高度 *H*，另一边长为圆柱正截面的周长 πD。

2. 斜截圆柱面的展开

如图 8-7 为一斜口圆管。一般用平行线法画展开图，具体作图步骤如下：

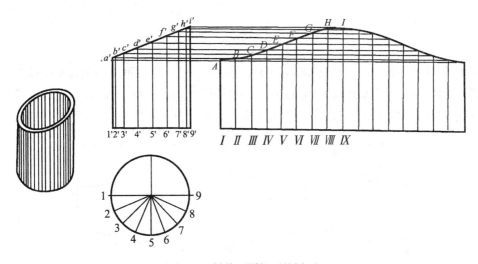

图 8-7 斜截正圆柱面的展开

（1）等分底面圆周，图中为 16 等分，等分点为 1，2，3，…等。过各等分点在主视图上作出相应的素线 $1'a'$，$2'b'$，…，$9'i'$。

（2）将底圆展开成一直线，并分成 16 等分，得到各等分点 Ⅰ，Ⅱ，…，Ⅸ等。

（3）过 Ⅰ，Ⅱ，…，Ⅸ各点作垂线，并分别截取长度为 $1'a'$，$2'b'$，…，$9'i'$，得到 *A*，*B*，…，*I* 等各端点。

（4）光滑连接所得到的各点 A，B，$\cdots$，I，即得到斜截正圆柱面的展开图。

3. 等径直角弯管的展开

等径直角弯管用以连接两垂直相交的圆管，在通风管道中常用来改变通风的方向。这种弯管通常是由若干段斜口圆管连接而成，如图 8-8(a)所示的等径直角弯管有四节斜截圆柱管组成，中间两节为全节，两端为两个半节。圆柱管的正截面直径 d 和直角弯管半径 R 由工程要求决定。展开图的作图步骤为：

（1）以 R 为半径画圆弧，将其在 90°的范围内 3 等分，端点和等分点为 1，2，3，4。

（2）过 1，2，3，4 各点作圆弧的切线，相邻两条切线分别相交于 I，II，III 点。

（3）以 1，I，II，III 和 4 点为中心，以圆管直径 D 为直径作球的正面投影（画圆）。

（4）作相邻两球的外切圆柱面，其交线为椭圆，投影为直线，分别通过 I，II，III 点。

（5）对各节圆管按斜口圆柱制件的方法展开，即得等径直角弯管的展开图（图 8-8(b)）。

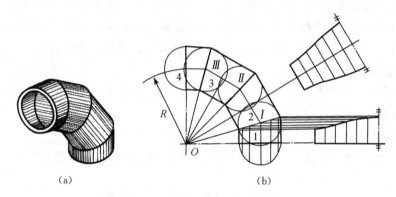

(a) (b)

图 8-8 等直径直角弯管的展开

由于等径直角弯管的各节圆柱斜截角度相同，在实际生产中，可按一定规则拼接为一个完整的圆柱管件，展开为完整矩形，然后按其中的展开曲线切割下料，再翻转 180°焊接成直角弯管，这样不仅简化作图，节省材料，而且简化了制作工艺过程。展开图画法如图 8-9 所示。

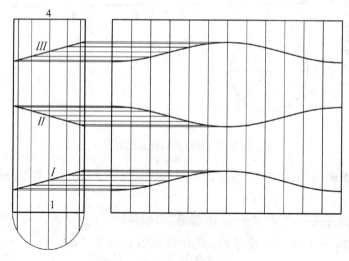

图 8-9 等直径直角弯管的拼接展开

4. 等径三通管的展开

画有相贯线管件的展开图时,一般要准确地画出相贯线的投影,才能保证所画展开图的精度。对如图 8-10 所示的等径三通管,其表面展开图的作法为:

(1) 作相贯线:作出主视图和左视图,然后作出相贯线,相贯线为与圆柱轴线成 45°的椭圆,正面投影为两条直线。

(2) 展开圆柱:在视图的右边和下边分别将上、下两圆柱展开,由于对称,下圆柱只展开一半。

(3) 以相贯线为界,分别画两圆管的展开图:将左视图的圆分为若干等分,在投影图上找出各等分点的投影 $1'$, $2'$, $3'$, $4'$, $5'$ 和 $1''$, $2''$, $3''$, $4''$, $5''$,并画出素线。将右边展开圆柱等分,在等分点 I_1, II_1, III_1,…上作垂直线,与相应投影素线的交点为 I, II, III,…,连接 I, II, III,…等各点,即得到上圆柱的展开图。将下边展开圆柱等分,在等分点 A, B, C,…上作水平线,与相应投影素线的交点为 I', II', III', IV', V'…,连接 I', II', III', IV', V'… 等各点,即得到下圆柱的展开图,如图 8-10 所示。

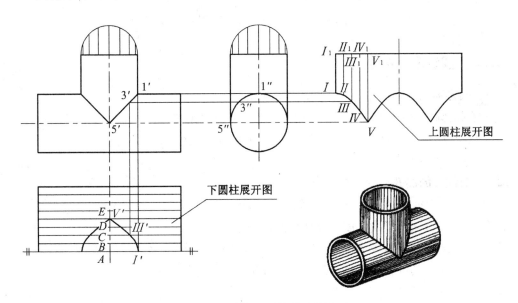

图 8-10　等径三通管接头的展开

5. 异径三通管的展开

对如图 8-11 所示的异径三通管,由不同直径的圆管垂直相交而成,表面展开图的作法如下:

(1) 作相贯线:作出主视图和左视图,然后作出相贯线。

(2) 展开圆柱:在视图的右边和下边分别将小大两圆柱展开,由于对称,下圆柱只展开一半。

(3) 小圆管的展开:求出相贯线的投影后将圆柱作若干等分,再按等径三通管的方法作出展开图。

(4) 大圆管的展开:将弧 $1''4''$ 展成直线 AD,即 $AB = 1''2''$;$BC = 2''3''$;$CD = 3''4''$。过 B、

C 等点作水平线,与过主视图上 $1'$, $2'$, $3'$, …等点所作的垂直线相交,得交点 I, II, III, …等。连接这些点,即得到相贯线在大圆展开图上的图形。

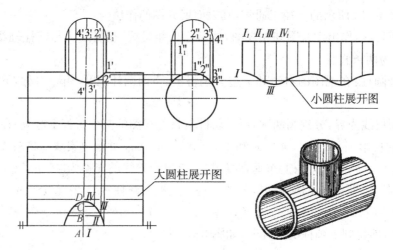

图 8-11　异径三通管接头的展开

8.2.2　圆锥表面的展开

1. 正圆锥面的展开

完整的正圆锥面的展开图为一个扇形,其半径为圆锥素线长 L,弧长为圆锥底圆周长 πD,扇形之圆心角 $\alpha = \pi D \cdot 360°/2\pi R = 180° \cdot D/R$,如图 8-12 所示。

2. 斜口锥管的展开

如图 8-13 所示为一斜口锥管,其斜口的展开首先要求出斜口上各点至锥顶的素线长度。具体作图步骤如下:

(1) 将底圆等分为若干等分,如图为 12 等分,得等分点 1, 2, …, 7。求出其正面投影 $1'$, $2'$, …, $7'$,并与锥顶连接成射状素线。

(2) 将圆锥面展开成扇形,在展开图上放射状素线为 $S I$, $S II$, …, $S VII$ 等。

(3) 应用直线上一点分割线段成比的投影规律,过 b', c', …, f' 作水平方向的直线与 $s'1'$ 线相交。这些交点与 s' 的距离即为斜口上各点至锥顶的素线实长。

图 8-12　正圆锥面的展开图

(4) 过 S 点分别将 SA, SB, …, SG 实长量到展开图的相应素线上。光滑连接各点即得斜口锥管的展开图。

3. 椭圆锥面的展开

对于椭圆锥面,由于底面为圆,在求其展开图时,可用斜棱锥面近似地代替椭圆锥面,如图 8-14 所示,具体作法为:

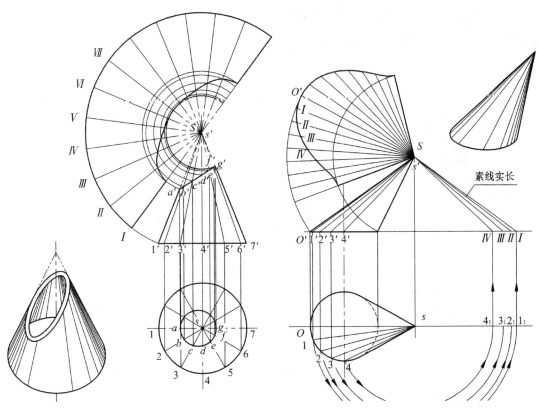

图 8-13　斜截正圆锥的展开　　　　　　　图 8-14　椭圆锥面的展开

（1）作斜棱锥体,将底圆分成 16 等分,并将所得的分点与锥顶连接起来。

（2）用旋转法求各素线的实长。

（3）以 $s'0'$, $s'\,I$, 01 为边作 $\triangle S0\,I$,依同法顺次毗连地画 $\triangle S\,I\,II$, $\triangle S\,II\,III$, …,并将所得各点 0, I, II, … 顺次光滑连接即得到椭圆锥面的展开图。

4. 异径直角弯头的展开

图 8-15（a）为一异径直角弯头,大端直径 D,小端直径 d,中心半径 R。这种弯头可用若干节斜口圆锥管拼接而成,其展开图的作图步骤如下:

（1）以 R 为半径,过进出口中心 O_1, O_2 画圆弧,并将其在 90°的范围内 3 等分,端点和等分点为 O_1, 1, 2, O_2,如图 8-15（b）。

（2）过 O_1, 1, 2, O_2 各点作圆弧的切线,相邻两条切线分别相交于 I, II, III 点。

（3）在图 8-15（c）上作 O_1O_2 直线, $O_1\,I$, $I\,II$, $II\,III$, $III\,O_2$ 等于图 8-15（b）中相应线段的长度。再过 O_1, O_2 分别作 O_1O_2 直线的垂线,取 $AB=D$, $CE=d$,连接 AE 和 CB 得到圆锥台的投影。

（4）在图 8-15（c）上,以 O_1, I, II, III, O_2 等点为中心作圆锥台的内切球,半径分别为 R_1, R_2, R_3, R_4, R_5。

（5）在图 8-15（b）上以 O_1, I, II, III, O_2 等点为中心,以 R_1, R_2, R_3, R_4, R_5 为半径作球。

（6）作圆锥面与相邻两球面相切,相邻两圆锥面的交线为椭圆,以此构成由四节斜口锥管组成的异径直角弯头。

（7）分别展开各斜口圆锥管即得异径直角弯头的展开图。在实际生产中，为了合理利用材料，常以图 8-15(d) 所示方法进行拼料。其中 O_1a，a_1b，b_1c，$c_1\,O_2$ 等于图 8-15(b) 中的相应线段长度。

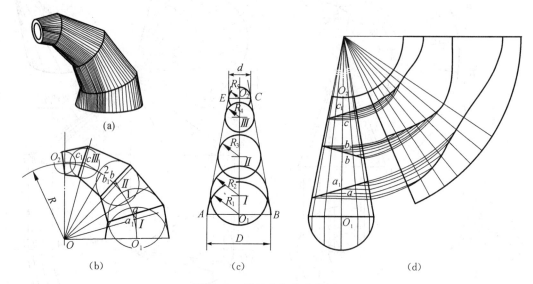

图 8-15　异径直角弯头的展开

5. 变形接头的展开

变形接头用于连通两段形状不同的管道，使通道形状逐渐变化，减少过渡处的阻力，以利流体顺畅通过。

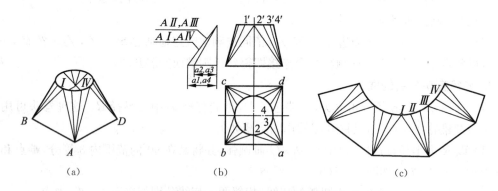

图 8-16　方接圆变形接头的展开

图 8-16(a) 为一上圆下方的变形接头，它由四个三角形和四个部分椭圆锥面组成。为使接头内壁光滑，三角形平面应与相邻的椭圆锥面相切。四个三角形的底边组成方形的底边，顶点为过方口的每边所作椭圆锥面的切平面与圆口的切点。四个锥面的锥顶为方形的四个顶点，与圆底面的部分圆弧形成锥面。顶点与相应方口边的连线为椭圆锥面和平面的切线。当方口各边与圆口平面平行时，四个三角形为等腰三角形，切平面及其表面展开图的作法如下：

（1）求平面与锥面的分界线：在圆口上作四条与圆相切而又与方口各边平行的直线，平行两直线所决定的平面即为椭圆锥面的切平面，切点为三角形顶点。连接三角形顶点与相应方口边的端点即得三角形与锥面的分界线,如图 8-16(b)。

(2) 画展开图:先求出三角形的实形,其中一个三角形分成首尾两块。然后将椭圆锥面的底圆分成若干等分,如图为 12 等分。画出相应的素线,将每一锥面分成若干小三角形,如△A Ⅰ Ⅱ,△A Ⅱ Ⅲ等,求出各小三角形的实形,拼接在一起即为锥面展开部分。将上述三角形与锥面展开部分依次排列即得到变形接头的展开图,如图 8-16(c)。

当方口边 AB、CD 与圆口平面相交时,组成变形接头的四个三角形不是等要三角形,对其分界线和展开图的作法,读者可自行分析。

6. 叉形三通管接头的展开

图 8-17(a)所示为叉形三通管接头,它由轴线相交的两椭圆锥面相交而成,其交线之一为底面圆周。由于二次曲面相交时,如交线之一为平面曲线,其另一交线也必为平面曲线,可见两椭圆锥面的另一交线还是平面曲线。如果两锥轴均为正平线,则交线的正面投影为直线段。由上述分析得到叉形三通管接头展开图的画法为:

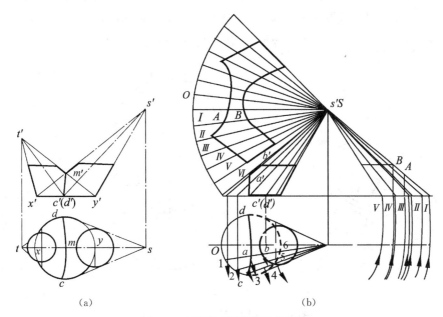

图 8-17　叉形三通管接头的展开

(1) 求交线的投影:在正面投影中,交线上的点 m' 为已知,另一个交点 n' 是左支管的左轮廓线 $t'x$ 与右支管的右轮廓线 $s'y$ 的交点(图上未画)。求出 n' 后,连结 $m'n'$;同 $x'y'$ 的交点 $c'(d')$,即为交线的正面投影。根据正面投影求出交线的水平投影,如图 8-17(a)。

(2) 画展开图:以交线为界,用图 8-14 所示的展开椭圆锥面的方法分别展开两个椭圆锥面,即得到叉形三通管接头的展开图。图 8-17(b)只是右支管的展开图,读者可自行展开左支管。

8.3　不可展曲面的近似展开

不可展曲面只能近似展开,通常将其以若干可展曲面或平面来代替。常见的不可展曲面有球面、螺旋面、柱状面等。常用方法有近似柱面法、近似锥面法和三角线法。近似柱面法是以若干圆柱面替代曲面而展开。近似锥面法是以若干锥面替代曲面而展开。三角线法是将曲面分成若干小三角形,分别求出这些三角形的实形,依次拼接在一起画出不可展曲面的近似展开图。

8.3.1　球面的近似展开

近似地展开球面的方法很多,常见的有如下两种:

1. 近似柱面法

过球心将圆球分为若干等分(为方便起见,只画半球),则相邻两平面间所夹柳叶状的球面,可近似看成圆柱面,用展开柱面的方法把这部分球面近似地展开,如图 8-18(a)所示,具体方法是:

(1) 将半球的水平投影分为若干等分(图 8-18(b)为 6 等分)。

(2) 将正面投影的轮廓线分为若干等分(图 8-18(b)为 5 等分),得分点 $1'$,$2'$…

(3) 过正面投影的各等分点作正垂线,并求出其水平投影 a_1a_2,b_1b_2,c_1c_2,…

(4) 将 $0'5'$ 展成直线 $0V$,$0V = \pi R/2$,并在此线上确定分点 I,II,…

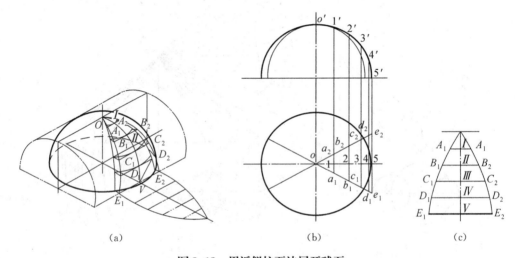

图 8-18　用近似柱面法展开球面

(5) 过点 I,II,…分别作 $0V$ 的垂线,并取 $A_1A_2 = a_1a_2$,$B_1B_2 = b_1b_2$,…,得 A_1,B_1,…和 A_2,B_2,…等点。

(6) 将 A_1,B_1,… 和 A_2,B_2,… 等点连成光滑的曲线,即得 1/6 半球面的展开图。

2. 近似锥面方法

用若干水平面将球分为相应数量的小块,图 8-19 为 7 块。把中间一块近似地作为圆柱面展开,其余各块球带近似地作为圆台处理,两极的球冠作为正圆锥面展开。各锥面的锥顶分别位于球轴上的 S_1,S_2,…等点的地方。分别展开各块即得到球面的近似展开图。

8.3.2　正螺旋面的近似展开

用正螺旋面制成的螺旋输送器(俗称绞龙)可用于输送颗粒状、粉末等物质,也可用于搅拌结构,制造时需要画出展开图。图 8-20 所示为一正螺旋面,其连续两素线不在同一平面内,因此是不可展曲面。只有用近似方法展开,可以用图解法,也可以用计算法。

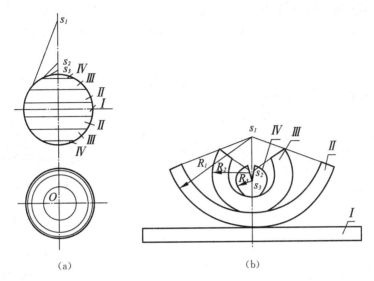

(a)　　　　　　　　　　(b)

图 8-19　用近似锥面法展开球面

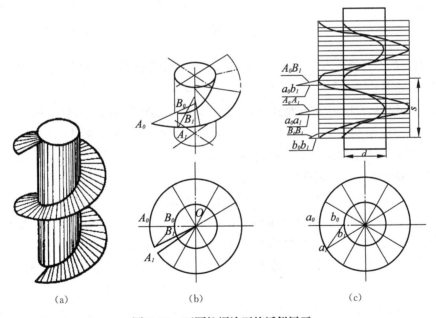

(a)　　　　　　(b)　　　　　　(c)

图 8-20　正圆柱螺旋面的近似展开

1. 图解法

常用三角形方法展开正螺旋面,具体步骤为:

(1) 将一个导程的螺旋面分成若干等分(图中为 12 等分),画出各条素线。每等分是由两直边和两曲边组成的曲面四边形,用对角线将其近似分为两个三角形。如曲面 $A_0A_1B_1B_0$ 可近似分为 $\triangle A_0A_1B_0$ 和 $\triangle A_1B_0B_1$。

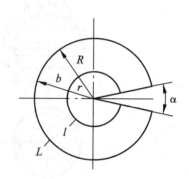

（2）用直角三角形法求出各三角形边的实长，作出其实形并拼画在一起。如△$A_0 A_1 B_0$ 和△$A_1 B_0 B_1$ 拼合为一个导程正圆柱螺旋面展开图的 1/12。

（3）其余部分的作图，可延长 $A_1 B_1$、$A_0 B_0$ 交于 O。以 O 为圆心，OB_1 和 OA_1 为半径分别作大小两个圆弧。在大圆弧上截取 11 份 $A_1 A_0$ 弧的长度，即得一个导程的正圆柱螺旋面的展开图。

2. 计算法

如果已知导程 S，螺旋面内径 d 和外径 D，则：

外螺旋线展开长：$L = \sqrt{(\pi D)^2 + S^2}$

内螺旋线展开长：$l = \sqrt{(\pi d)^2 + S^2}$

环形宽度：$b = AB = (D-d)/2$

外径弧半径：$R = r + b$

圆心角：$\alpha = \dfrac{2\pi R - L}{2\pi R} \times 360° = \dfrac{2\pi R - L}{\pi R} \times 180°$

由于

$$R/r = L/l$$

则可得到：

$$r = \frac{b \cdot l}{L - l} \quad 或 \quad R = \frac{b \cdot L}{L - l}$$

图 8-21 用计算法画正螺旋面的展开图

根据 D, d, S 计算出 R, r, L, l 和 α 后，不需要画投影图，可以用简便方法画出正螺旋面的展开图，如图 8-21 所示。

在实际工程中，常用一种螺旋方管，其进出口是两个相同的矩形，且互相垂直。螺旋方管的顶面和底面是正圆柱螺旋面，可用三角线法近似展开；内外侧面为正圆柱面的一部分，可按柱面展开法展开，具体步骤读者可自行完成。

8.3.3　柱状面的近似展开

如图 8-22 所示柱状面，常在管道中用作直角换向管接头，它通常是由一直母线以一水平圆和一侧平圆为导线作平行于正面的运动时所形成。展开这种柱状面时，可用一系列四边形近似代替相邻两素线所夹的曲面而展开，具体步骤为：

（1）在投影图上将两个圆分为若干等分（图中为 12 等分），把对应分点连成直线，如 aa_1，11_1，…，$a' a_1'$，$1' 1_1'$，…

（2）把所求四边形分成两个三角形，求出每个三角形三边的实长，并依次展开，最后将所求三角形的顶点 A_1，I_1，…，A，I，…顺次连成光滑的曲线，即得柱状面的近似展开图。

8.3.4　椭圆封头的近似展开

如图 8-23 所示的椭圆封头，常用于化工设备上的顶盖或底盖。椭圆封头是不可展曲面，在实际工程中展开的具体方法如下：

（1）顶部的展开：一般取 $D_1 = 2D/5$，展开后为一圆，其直径 $d = 2a' o'$ 图 8-23(b)。落料

后须经模压才能成为封头的顶部。

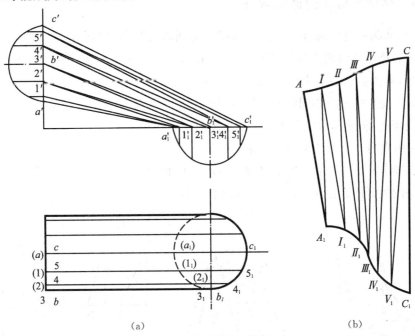

图 8-22　柱状面的近似展开

（2）本体的展开：本体的展开可用球体的展开方法。将本体分为若干等分，图中为 6 等分，分别作出各块的展开图。现作出一块的展开图（图 8-23（c）），将 $o'e'$ 展成一直线，即使 $OA = o'a'$，$AB = a'b'$，…。在分别以 O 为中心，OA，OB，…为半径画圆弧，量取俯视图上相应的圆弧长度，然后光滑连接各点，就得到一块的展开图。

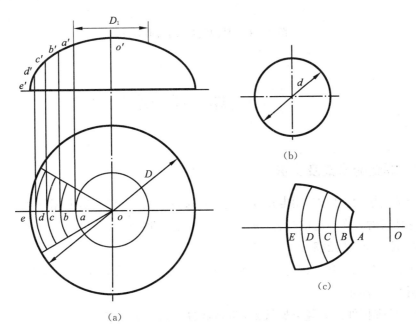

图 8-23　椭圆封头的近似展开

8.3.5 马蹄形接头的近似展开

如图 8-24 为一马蹄形接头。接头两端均为圆口,但两圆口所在平面互不平行,直径也不相等。其表面上连续两素线不在同一平面内,因此是不可展曲面。对这种曲面,通常用三角线法展开,具体步骤如下(图 8-24(b)、(c)):

(1) 将两端圆口分成相同的若干等分(图中为 12 等分),画出各条素线。相邻两素线间再用对角线相连,将曲面分成若干小三角形平面。

(2) 应用直角三角形法求出各三角形边长。

(3) 依次作出△O Ⅰ Ⅱ,△ Ⅰ Ⅱ Ⅲ,…,△ Ⅺ Ⅻ Ⅷ等的实形,并顺次拼画在一起即得到马蹄形接头的展开图。由于对称,图中只画了一半。

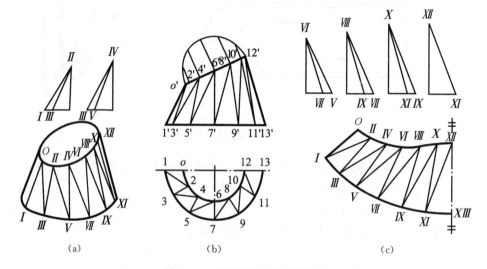

图 8-24 马蹄形接头的近似展开

8.4 焊 接 图

8.4.1 焊缝的形式及画法

将两个被连接的金属件,用电弧或火焰在连接处进行局部加热,并采用填充熔化金属或加压等方法使其融合在一起的过程,称为焊接。表达这种连接关系的图形,称为焊接图。

1. 焊接接头及焊缝的形式

两金属焊件在焊接时的相对位置,有对接、角接、T 形接和搭接 4 种形式,叫做焊接接头形式。如图 8-25 所示。

焊接后,两焊接件接头缝隙熔接处,叫做焊缝。常见的焊缝形式有对接焊缝如图 8-25 (a)、点焊缝如图 8-25(b)和角焊缝 8-25(c)、8-25(d)等。

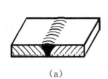 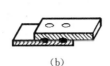  

图 8-25　焊接接头形式

2. 焊缝的画法

在视图中,可见焊缝用与轮廓线相垂直的细实线表示,如图 8-26(a)所示。不可见焊缝则用虚线段表示,如图 8-26(c)所示。

在垂直于焊缝的剖视图中,焊缝的剖面形状应涂黑表示,如图 8-26(b)所示。

（a）可见焊缝　　（b）焊缝剖面　　（c）不可见焊缝

图 8-26　焊缝的画法

在视图中,也可用加粗实线来表示焊缝,如图 8-27 所示。一般情况下,只用粗实线表示可见焊缝。

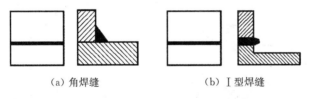

（a）角焊缝　　　　　　　（b）Ⅰ型焊缝

图 8-27　焊缝的表示方法

8.4.2　焊接方法及代号

一般根据热源的性质、形成接头的状态及是否采用加压,将焊接方法分为以下几类:

1. 熔化焊

熔化焊是将焊件接头加热至熔化状态,不加压力完成焊接的方法。包括气焊、电弧焊、渣焊、激光焊、电子束焊、等离子弧焊、堆焊和铝热焊等。

2. 压焊

压焊是通过对焊件施加压力(加热或不加热)来完成焊接的方法。包括爆炸焊、冷压焊、摩擦焊、超声波焊、高频焊和电阻焊等。

3. 钎焊

钎焊是采用比母材熔点低的金属材料作钎料,在加热温度高于钎料低于母材熔点的情况下,采用液态钎料润湿母材,填充接头间隙,并与母材相互扩散实现连接焊件的方法。

它包括硬钎焊和软钎焊等。常用的焊接方法及代号见表8-1。

表 8-1   常用的焊接方法及代号

焊接方法	数字代号	焊接方法	数字代号
手工电弧焊	111	激光焊	751
埋弧焊	12	氧-乙炔焊	3
电渣焊	72	硬钎焊	91
电子束焊	76	点焊	21

8.4.3 焊接的标注

图样上焊缝一般应采用焊缝符号表示。焊缝符号一般由基本符号与指引线组成,必要时还可以加上辅助符号、补充符号和焊缝尺寸符号。

1. 基本符号

基本符号是表示焊缝横断面形状的符号,近似于焊缝横断面的形状。基本符号用 $0.7b$ 的粗实线绘制。常用焊缝的基本符号及标注示例见表8-2。

表 8-2   常用焊缝的基本符号及标注示例

名称	焊缝形状	基本符号	标注示例
Ⅰ形焊缝		‖	
V形焊缝		V	
单边V形焊缝		V	
角焊缝		◿	
带钝边U形焊缝		Y	
带钝边V形焊缝		Y	
点焊缝		○	
塞焊缝		⊓	

2. 指引线

焊缝的指引线由箭头线和基准线（实线基准线和虚线基准线）两部分组成，如图 8-28 所示。

箭头线是细实线，它将整个符号指到图样的有关焊缝处。基准线与箭头线相连接，一般应与图样的底边相平行，它的上面和下面用来标注有关的焊缝符号。

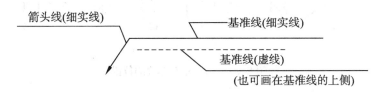

图 8-28 焊缝的指引线

3. 焊缝的基本符号相对于基准线的位置规定

当焊缝在箭头所指的一侧时，应将基本符号标注在实线基准线一侧，如图 8-29(b) 所示。当焊缝在箭头非所指的一侧时，应将基本符号标注在虚线基准线一侧，如图 8-29(c) 所示。

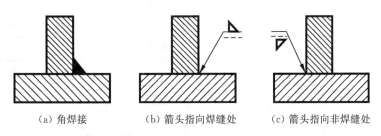

（a）角焊接　　　　（b）箭头指向焊缝处　　　　（c）箭头指向非焊缝处

图 8-29 焊缝的基本符号相对于基准线的位置

4. 坡口、焊缝尺寸及尺寸符号

坡口是指在焊件的待焊部位加工并装配成一定几何形状的沟槽。当焊件较厚时，为保证焊透根部，获得较好的焊缝，一般选用不同形状的坡口。图 8-30 给出部分坡口形式。坡口的形状和尺寸均有标准规定，读者可查阅相关手册。

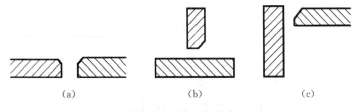

（a）　　　　　　　（b）　　　　　　　（c）

图 8-30 坡口的形式

国家标准规定，箭头线相对焊缝的位置一般没有特殊要求，但当焊缝中有单边坡口时，箭头线应指向带有坡口一侧的工件。

坡口的尺寸大小同焊缝其他尺寸一样，一般不标注。当需要注明坡口或焊缝尺寸时，可随基本符号标注在规定位置上，如图 8-31 所示。

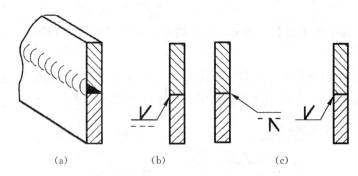

图 8-31　箭头相对焊缝的位置

当需要标注的尺寸数据较多而又不易分辨时，可在尺寸数字前面增加相应的尺寸符号。焊缝尺寸符号的含义见表 8-3。

表 8-3　　　　　　　　　　　　　常用的焊缝尺寸符号

名称	符号	示意图及标记	名称	符号	示意图及标记
工件厚度	δ		焊缝段数	n	
坡口角度	α		焊缝间距	e	
根部间隙	b		焊缝长度	L	
钝边高度	p		焊缝尺寸	K	
坡口深度	H		相同焊缝数量符号	N	
熔核直径	d				

说明如下：

(1) 焊缝横截面上的尺寸，标在基本符号的左侧。

(2) 焊缝长度方向的尺寸，标在基本符号的右侧。

(3) 坡口角度 α，根部间隙 b，标在基本符号的上侧和下侧。

(4) 相同焊缝数量符号标在尾部。

5. 辅助符号

辅助符号是表示焊缝表面形状特征的符号，用 $0.7b$ 粗实线绘制。不需要确切说明焊缝的表面形状时，可以不用辅助符号。常用的辅助符号及标注示例见表 8-4。

表 8-4   常用的辅助符号及标注示例

名称	符号	形式及标注示例	备注
平面符号	—		表示 V 形对接焊缝表面平齐一般通过加工
凹面符号	⌣		表示角焊缝表面凹陷
凸面符号	⌢		表示 X 形焊缝表面凸起

焊缝也可使用图示法（视图、剖视图和断面图、轴测图、局部放大图等）表示，当焊缝使用图示法表示时，应同时标注焊缝符号，如图 8-32 所示。

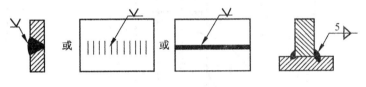

图 8-32　焊缝的图示法

8.4.4　焊接图例

焊接结构图实际上是装配图，对于简单的焊接件，一般不但画各组成结构件的零件图，而且在结构图上标出各组成构件的全部尺寸并在备注中说明"无图"，对于复杂的焊接件，应在明细表中注出各构件的名称、代号、材料和数量。如图 8-33 所示右夹头的焊接图，构件 2、构件 3、构件 4 有全部尺寸、构件 1 夹嘴的图号是 MD-16-1。

焊接图采用的表达方法与零件图相同，也需要标注完整的尺寸，与零件图不同之处是各构件的剖面线的方向应相反，还需要对各构件进行编号及填写明细栏，这一点与装配图相同，但不同的是装配图表达的是零部件之间的装配关系，而焊接图表达的仅是一个零件（焊接件）。

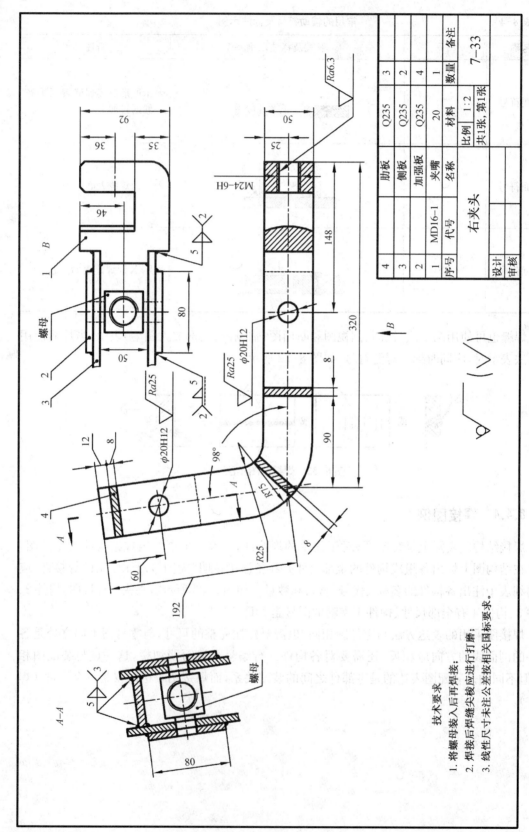

4		肋板	Q235	3	
3		侧板	Q235	2	
2		加强板	Q235	4	
1	MD16-1	夹嘴	20	1	
序号	代号	名称	材料	数量	备注

右夹头		比例 1:2	7-33
		共1张，第1张	
设计			
审核			

技术要求

1. 将螺母装入后再焊接；
2. 焊接后焊缝尖棱应进行打磨；
3. 线性尺寸未注公差按相关国标要求。

图 8-33 轴承挂架的焊接图

第9章 常用设计及制图资料

9.1 一般标准

9.1.1 标准尺寸（直径、长度、高度等）（GB/T 2822—2005）

R10	R20	R10	R20	R40	R10	R20	R40	R10	R20	R40	R10	R20	R40
1.25	1.25	12.5	12.5	12.5	40.0	40.0	40.0	125	125	125	400	400	400
	1.40			13.2			42.5			132			425
1.60	1.60		14.0	14.0		45.0	45.0		140	140		450	450
	1.80			15.0			47.5			150			475
2.00	2.00	16.0	16.0	16.0	50.0	50.0	50.0	160	160	160	500	500	500
	2.24			17.0			53.0			170			530
2.50	2.50		18.0	18.0		56.0	56.0		180	180		560	560
	2.80			19.0			60.0			190			600
3.15	3.15	20.0	20.0	20.0	63.0	63.0	63.0	200	200	200	630	630	630
	3.55			21.2			67.0			212			670
4.00	4.00		22.4	22.4		71.0	71.0		224	224		710	710
	4.50			23.6			75.0			236			750
5.00	5.00	25.0	25.0	25.0	80.0	80.0	80.0	250	250	250	800	800	800
	5.60			26.5			85.0			265			850
6.30	6.30		28.0	28.0		90.0	90.0		280	280		900	900
	7.10			30.0			95.0			300			950
8.00	8.00	31.5	31.5	31.5	100	100	100	315	315	315	1 000	1 000	1 000
	9.00			33.5			106			335			1 060
10.00	10.0		35.5	35.5		112	112		355	355		1 120	1 120
	11.2			37.5			118			375			1 180

注：1. 选择系列及单个尺寸时，应首先在优先数系 R 系列中选用标准尺寸，选用顺序为 R10、R20、R40。如果必须将数值圆整，可在相应的 R′ 系列（本表未列出）中选用标准尺寸。

2. 本标准适用于机械制造业中有互换性或系列化要求的主要尺寸。其他结构尺寸也应尽量采用。不适用于由主要尺寸导出的因变量尺寸、工艺上工序间的尺寸和已有相应标准规定的尺寸。

9.1.2 零件倒角和圆角尺寸（GB/T 6403.4—2008）

（mm）

轴（孔）径（d）	3～6	＞6～10	＞10～18	＞18～30	＞30～50	＞50～80	＞80～120	＞120～180
轴端圆角（r） 或 轴端倒角（c）	0.4	0.6	0.8	1.0	1.6	2.0	2.5	3.0
孔端圆角（R） 或 孔端倒角（c_1）	0.5	1	1.5	2	2.5	3	4	5

注：与滚动轴承相配合的轴及轴承座孔处的倒角、圆角半径参见滚动轴承部分。

9.1.3 砂轮越程槽尺寸（GB/T 6403.5—2008）

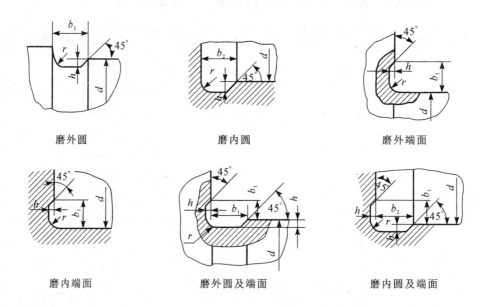

磨外圆　　　　　　　　磨内圆　　　　　　　　磨外端面

磨内端面　　　　　　磨外圆及端面　　　　　磨内圆及端面

（mm）

b_1	0.6	1.0	1.6	2.0	3.0	4.0	5.0	8.0	10
b_2	2.0	3.0		4.0			5.0	8.0	10
h	0.1	0.2		0.3	0.4		0.6	0.8	1.2
r	0.2	0.5		0.8	1.0		1.6	2.0	3.0
d	～10			＞18～30			＞18～30	＞18～30	

9.2　螺　纹

9.2.1　普通螺纹直径、螺距和基本尺寸（摘自 GB/T 192—2003、193—2003、196—2003）

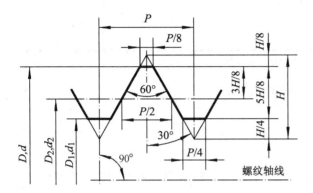

D——内螺纹大径
d——外螺纹大径
D_2——内螺纹中径
d_2——外螺纹中径
D_1——内螺纹小径
d_1——外螺纹小径
P——螺距

标记示例：
　　M10-6g（粗牙普通外螺纹、公称直径 d＝M10、右旋、中径及大径公差带均为 6g、中等旋合长度）
　　M10×1LH－6H（细牙普通内螺纹、公称直径 D＝M10、螺距 P＝1、左旋、中径及小径公差带均为 6H、中等旋合长度）

公称直径（D、d）/mm			螺　　距（P）/mm		粗牙螺纹小径（D_1、d_1）/mm
第一系列	第二系列	第三系列	粗牙	细　　牙	
4	—	—	0.7	0.5	3.242
5	—	—	0.8		4.134
6	—	—	1	0.75、(0.5)	4.917
—	—	7			5.917
8	—	—	1.25	1、0.75、(0.5)	6.647
10	—	—	1.5	1.25、1、0.75、(0.5)	8.376
12	—	—	1.75	1.5、1.25、1、(0.75)、(0.5)	10.106
—	14	—	2		11.835
—	—	15		1.5、(1)	* 13.376
16	—	—	2	1.5、1、(0.75)、(0.5)	13.835
—	18	—	2.5	2、1.5、1、(0.75)、(0.5)	15.294
20	—	—			17.294
—	22	—			19.294
24	—	—	3	2、1.5、1、(0.75)	20.752
—	—	25	—	2、1.5、(1)	* 22.835
—	27	—	3	2、1.5、1、(0.75)	23.752

续表

公称直径(D、d)/mm			螺 距(P)/mm		粗牙螺纹小径 (D_1、d_1)/mm
第一系列	第二系列	第三系列	粗 牙	细 牙	
30	—	—	3.5	(3)、2、1.5、1、(0.75)	26.211
—	33	—		(3)、2、1.5、(1)、(0.75)	29.211
—	—	35	—	1.5	* 33.376
36	—	—	4	3、2、1.5、(1)	31.670
—	39	—			34.670

注:1. 优先选用第一系列,其次是第二系列,第三系列尽可能不用。

2. 括号内尺寸尽可能不用。

3. M14×1.25仅用于火花塞;M35×1.5仅用于滚动轴承锁紧螺母。

4. 带 * 号的为细牙参数,是对应于第一种细牙螺距的小径尺寸。

9.2.2 管螺纹

用螺纹密封的管螺纹(GB/T 7306—2001)　　　　非螺纹密封的管螺纹(GB/T 7307—2001)

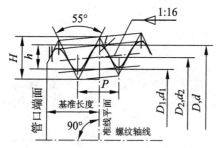　　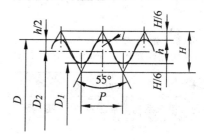

标记示例:

$R1/2$(尺寸代号 1/2,右旋圆锥外螺纹)

$Rc1/2$-LH(尺寸代号 1/2,左旋圆锥内螺纹)

标记示例:

$G1/2$-LH(尺寸代号 1/2,左旋内螺纹)

$G1/2A$(尺寸代号 1/2,A 级右旋外螺纹)

尺寸代号	基面上的直径(GB/T 7306) 基本直径(GB/T 7307)			螺距 (P) /mm	牙高 (h) /mm	圆弧半径 (R) /mm	每25.4 mm 内的牙数 (n)	有效螺纹长度 (GB/T 7306) /mm	基准的基本长度 (GB/T 7306) /mm
	大径 ($d=D$) /mm	中径 ($d_2=D_2$) /mm	小径 ($d_1=D_1$) /mm						
1/16	7.723	7.142	6.561	0.907	0.581	0.125	28	6.5	4.0
1/8	9.728	9.147	8.566					6.5	4.0
1/4	13.157	12.301	11.445	1.337	0.856	0.184	19	9.7	6.0
3/8	16.662	15.806	14.950					10.1	6.4
1/2	20.955	19.793	18.631	1.814	1.162	0.249	14	13.2	8.2
3/4	26.441	25.279	24.117					14.5	9.5

续表

尺寸 代号	基面上的直径（GB/T 7306） 基本直径（GB/T 7307）			螺距 （P） /mm	牙高 （h） /mm	圆弧半径 （R） /mm	每 25.4 mm 内的牙数 （n）	有效螺纹 长度 （GB/T 7306） /mm	基准的 基本长度 （GB/T 7306） /mm
	大径 （$d-D$） /mm	中径 （d_2-D_2） /mm	小径 （d_1-D_1） /mm						
1	33.249	31.770	30.291					16.8	10.4
1¼	41.910	40.431	28.952					19.1	12.7
1½	47.803	46.324	44.845					19.1	12.7
2	59.614	58.135	56.656					23.4	15.9
2½	75.184	73.705	72.226	2.309	1.479	0.317	11	26.7	17.5
3	87.884	86.405	84.926					29.8	20.6
4	113.030	111.551	110.072					35.8	25.4
5	138.430	136.951	135.472					40.1	28.6
6	163.830	162.351	160.872					40.1	28.6

9.3 螺纹连接件

9.3.1 螺栓

六角头螺栓 C级（摘自 GB/T 5780—2000）　　　　　　六角头螺栓 全螺纹 C级（摘自 GB/T 5781—2000）

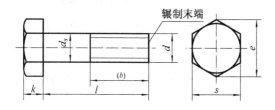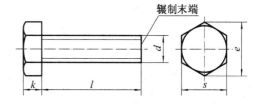

标记示例：

螺栓 GB/T 5780　M20×100（螺纹规格 d＝M20、公称长度 l＝100、性能等级为 4.8 级、不经表面处理、杆身半螺纹、产品等级为 C 级的六角头螺栓）

螺栓 GB/T 5781　M12×80（螺纹规格 d＝M12、公称长度 l＝80、性能等级为 4.8 级、不经表面处理、全螺纹、产品等级为 C 级的六角头螺栓）

(mm)

螺纹规格（d）		M5	M6	M8	M10	M12	M16	M20	M24	M30	M36	M42	M48
b 参考	l 公称≤125	16	18	22	26	30	38	40	54	66	78	—	—
	125＜l 公称≤200	—	—	28	32	36	44	52	60	72	84	96	108
	l 公称＞200	—	—	—	—	—	57	65	73	85	97	109	121

续表

螺纹规格(d)	M5	M6	M8	M10	M12	M16	M20	M24	M30	M36	M42	M48
k 公称	3.5	4.0	5.3	6.4	7.5	10	12.5	15	18.7	22.5	26	30
S_{min}	8	10	13	16	18	24	30	36	46	55	65	75
e_{max}	8.63	10.9	14.2	17.6	19.9	26.2	33.0	39.6	50.9	60.8	72.0	82.6
d_{smax}	5.48	6.48	8.58	10.6	12.7	16.7	20.8	24.8	30.8	37.0	45.0	49.0
l 范围 GB/T 5780	25~50	30~60	35~80	40~100	45~120	55~160	65~200	80~240	90~300	110~300	160~420	180~480
l 范围 GB/T 5781	10~40	12~50	16~65	20~80	25~100	35~100	40~100	50~100	60~100	70~100	80~420	90~480
l 公称	10、12、16、20~50(5 进位)、(55)、60、(65)、70~160(10 进位)、180、220~500(20 进位)											

9.3.2 螺柱

双头螺柱(摘自 GB/T 897—1998～GB/T 900—1998)

$b_m = 1d$(GB/T 897)　　　$b_m = 1.25d$(GB/T 898)　　　$b_m = 1.5d$(GB/T 899)　　　$b_m = 2d$(GB/T 900)

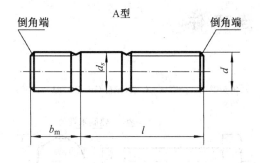
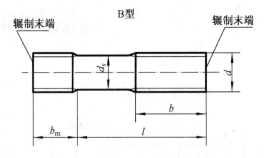

标记示例:

螺柱 GB/T 900　M10×50(两端均为粗牙普通螺纹、d=M10、l=50、性能等级为 4.8 级、不经表面处理、B 型、$b_m = 2d$ 的双头螺柱)

螺柱　GB/T 900　AM10-10×1×50(旋入机体一端为粗牙普通螺纹、旋螺母端为螺距 $P=1$ 的细牙普通螺纹、d=M10、l=50、性能等级为 4.8 级、不经表面处理、A 型、$b_m = 2d$ 的双头螺柱)

(mm)

螺纹规格 (d)	b_m(旋入机体端长度)				l(螺柱长度)/b(旋螺母端长度)
	GB/T 897	GB/T 898	GB/T 899	GB/T 900	
M4	—	—	6	8	(16~22)/8 、(25~40)/14
M5	5	6	8	10	(16~22)/10、(25~50)/16
M6	6	8	10	12	(20~22)/10、(25~30)/14、(32~75)/18
M8	8	10	12	16	(20~22)/12、(25~30)/16、(32~90)/22

续表

螺纹规格 (d)	bₘ（旋入机体端长度）				l（螺柱长度）/ b（旋螺母端长度）
	GB/T 897	GB/T 898	GB/T 899	GB/T 900	
M10	10	12	15	20	（25～28）/14、（30～38）/16、（40～120）/26、130/32
M12	12	15	18	24	（25～30）/16、（32～40）/20、（45～120）/30、（130～180）/36
M16	16	20	24	32	（30～38）/20、（40～55）/30、（60～120）/38、（130～200）/44
M20	20	25	30	40	（35～40）/25、（45～65）/35、（70～120）/46、（130～200）/52
(M24)	24	30	36	48	（45～50）/30、（55～75）/45、（80～120）/54、（130～200）/60
(M30)	30	38	45	60	（60～65）/40、（70～90）/50、（95～120）/66、（130～200）/72、（210～250）/85
M36	36	45	54	72	（65～75）/45、（80～110）/60、120/78、（130～200）/84、（210～300）/97
M42	42	52	63	84	（70～80）/50、（85～110）/70、120/90、（130～200）/96、（210～300）/109
M48	48	60	72	96	（80～90）/60、（95～110）/80、120/102、（130～200）/108、（210～300）/121
$l_{公称}$	12、(14)、16、(18)、20、(22)、25、(28)、30、(32)、35、(38)、40、45、50、55、60、(65)、70、75、80、(85)、90、(95)、100～260(10 进位)、280、300				

9.3.3 连接螺钉

开槽圆柱头螺钉(GB/T 65—2000)

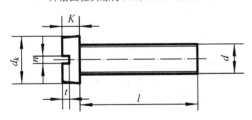

开槽盘头螺钉(GB/T 67—2000)

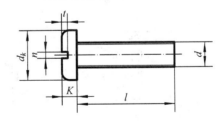

开槽沉头螺钉(GB/T 68—2000)

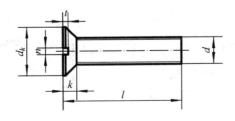

标记示例：

螺钉　GB/T 65 M5×20（螺纹规格 d＝M5、l＝50、性能等级为 4.8 级、不经表面处理的开槽圆柱头螺钉）

· 191 ·

(mm)

螺纹规格 d		M 1.6	M2	M2.5	M3	(M3.5)	M4	M5	M6	M8	M10
n公称		0.4	0.5	0.6	0.8	1	1.2	1.2	1.6	2	2.5
GB/T 65	d_k max	3	3.8	4.5	5.5	6	7	8.5	10	13	16
	k max	1.1	1.4	1.8	2	2.4	2.6	3.3	3.9	5	6
	t min	0.45	0.6	0.7	0.85	1	1.1	1.3	1.6	2	2.4
	l范围	2~16	3~20	3~25	4~30	5~35	5~40	6~50	8~60	10~80	12~80
GB/T 67	d_k max	3.2	4	5	5.6	7	8	9.5	12	16	20
	k max	1	1.3	1.5	1.8	2.1	2.4	3	3.6	4.8	6
	t min	0.35	0.5	0.6	0.7	0.8	1	1.2	1.4	1.9	2.4
	l范围	2~16	2.5~20	3~25	4~30	5~35	5~40	6~50	8~60	10~80	12~80
GB/T 68	d_k max	3	3.8	4.7	5.5	7.3	8.4	9.3	11.3	15.8	18.3
	k max	1	1.2	1.5	1.65	2.35	2.7	2.7	3.3	4.65	5
	t min	0.32	0.4	0.5	0.6	0.9	1	1.1	1.2	1.8	2
	l范围	2.5~16	3~20	4~25	5~30	6~35	6~40	8~50	8~60	10~80	12~80
l系列		2、2.5、3、4、5、6、8、10、12、(14)、16、20、25、30、35、40、45、50、(55)、60、(65)、70、(75)、80									

注:1. 尽可能不采用括号内的规格。
 2. 商品规格 M1.6~M10。

9.3.4　紧定螺钉

开槽锥端紧定螺钉(GB/T 71—1985)　　　开槽平端紧定螺钉(GB/T 73—1985)

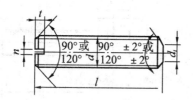 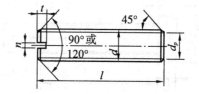

开槽凹端紧定螺钉(GB/T 74—1985)　　　开槽长圆柱端紧定螺钉(GB/T 75—1985)

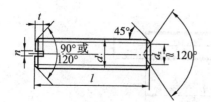 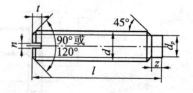

标记示例:

螺纹规格 d=M5,公称长度 l=12 mm,性能等级为 14H 级,表面氧化的 A 级开槽锥端紧定螺钉标记:

螺钉　GB/T 71　M5×20　　　　　　　　　(mm)

螺纹规格(d)		M1.6	M2	M2.5	M3	M4	M5	M6	M8	M10	M12
螺距(P)		0.35	0.4	0.45	0.5	0.7	0.8	1	1.25	1.5	1.75
n		0.25	0.25	0.4	0.4	0.6	0.8	1	1.2	1.6	2
t		0.7	0.8	1	1.1	1.4	1.6	2	2.5	3	3.6
d_z		0.8	1	1.2	1.4	2	2.5	3	5	6	8
d_t		0.2	0.2	0.3	0.3	0.4	0.5	1.5	2	2.5	3
d_p		0.8	1	1.5	2	2.5	3.5	4	5.5	7	8.5
z		1.1	1.3	1.5	1.8	2.3	2.8	3.3	4.3	5.3	6.3
公称长度l	GB/T 71	2~8	3~10	3~12	4~16	6~20	8~25	8~30	10~40	12~50	14~60
	GB/T 73	2~8	2~10	2.5~12	3~16	4~20	5~25	6~30	8~40	10~50	12~60
	GB/T 74	2~8	2.5~10	3~12	3~16	4~20	5~25	6~30	8~40	10~50	12~60
	GB/T 75	2.5~8	3~10	4~12	5~16	6~20	8~25	8~30	10~40	12~50	14~60
l 系列		2, 2.5, 3, 4, 5, 6, 8, 10, 12, 16, 20, 25, 30, 35, 40, 45, 50, 60										

9.3.5　螺母

六角螺母　C级(GB/T 41—2000)

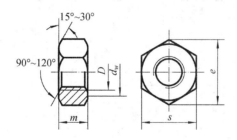

标记示例：

螺母　GB/T 41　M12(螺纹规格 D=M12、性能等级为5级、不经表面处理、产品等级为C级的六角螺母)

　　　　　　　　　　　　　　　　　　　　　　　　　　　　　(mm)

螺纹规格(D)	M5	M6	M8	M10	M12	M16	M20	M24	M30	M36	M42	M48	M56
s_{max}	8	10	13	16	18	24	30	36	46	55	65	75	95
e_{min}	8.63	10.9	14.2	17.6	19.9	26.2	33.0	39.6	50.9	60.8	72.0	82.6	104.86
m_{max}	5.6	6.1	7.9	9.5	12.2	15.9	18.7	22.3	26.4	31.5	34.9	38.9	45.9
d_w	6.9	8.7	11.5	14.5	16.5	22.0	27.7	33.2	42.7	51.1	60.6	69.4	88.2

9.3.6 垫圈

平垫圈　A级(GB/T 97.1—2002)、C级(GB/T 95—2002)

平垫圈　倒角型　A级(摘自GB/T 97.2—2002)　　　　标准型弹簧垫圈(摘自GB/T 93—1987)

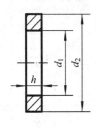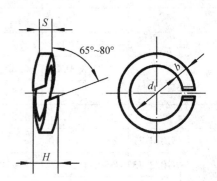

标记示例：

垫圈　GB/T 95　8～100 HV(标准系列、规格8、性能等级为100 HV级、不经表面处理,产品等级为C级的的平垫圈)

垫圈　GB/T 93　10(规格10、材料为65Mn、表面氧化的标准型弹簧垫圈)

(mm)

公称尺寸(d) (螺纹规格)		4	5	6	8	10	12	14	16	20	24	30	36	42	48
GB/T 97.1 (A级)	d_1	4.3	5.3	6.4	8.4	10.5	13.0	15	17	21	25	31	37	—	—
	d_2	9	10	12	16	20	24	28	30	37	44	56	66		
	h	0.8	1	1.6	1.6	2	2.5	2.5	3	3	4	4	5		
GB/T 97.2 (A级)	d_1	—	5.3	6.4	8.4	10.5	13	15	17	21	25	31	37		
	d_2	—	10	12	16	20	24	28	30	37	44	56	66		—
	h	—	1	1.6	1.6	2	2.5	2.5	3	3	4	4	5		—
GB/T 95 (C级)	d_1	—	5.5	6.6	9	11	13.5	15.5	17.5	22	26	33	39	45	52
	d_2	—	10	12	16	20	24	28	30	37	44	56	66	78	92
	h	—	1	1.6	1.6	2	2.5	2.5	3	3	4	4	5	8	8
GB/T 93	d_1	4.1	5.1	6.1	8.1	10.2	12.2	—	16.2	20.2	24.5	30.5	36.5	42.5	48.5
	$S=b$	1.1	1.3	1.6	2.1	2.6	3.1	—	4.1	5	6	7.5	9	10.5	12
	H	2.8	3.3	4	5.3	6.5	7.8	—	10.3	12.5	15	18.6	22.5	26.3	30

注:1. A级适用于精装配系列,C级适用于中等装配系列。

2. C级垫圈没有$R_a3.2$和去毛刺的要求。

9.4 普通平键

键槽各部尺寸(GB/T 1095—2003)

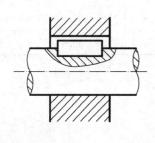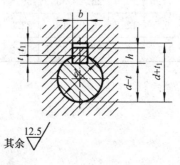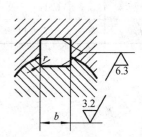

普通平键尺寸(GB/T 1096—2003)

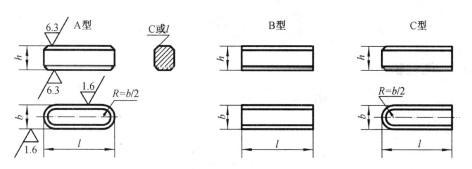

标记示例：

键　16×100　GB/T 1096　（圆头普通平键、b＝16、h＝10、L＝100）

键　B16×100　GB/T 1096　（平头普通平键、b＝16、h＝10、L＝100）

(mm)

轴	键		键　槽										
公称直径 (d)	公称尺寸 (b×h)	长度 (L)	宽　度(b)						深　度				半径 (r)
			公称尺寸 (b)	极　限　偏　差					轴(t)		毂(t₁)		
				较松键连接		一般键连接		较紧键连接					
				轴 H9	毂 D10	轴 N9	毂 JS9	轴和毂 P9	公称	偏差	公称	偏差	最大	最小
>10~12	4×4	8~45	4	+0.030 0	+0.078 +0.030	0 −0.030	±0.015	−0.012 −0.042	2.5	+0.1 0	1.8	+0.1 0	0.08	0.16
>12~17	5×5	10~56	5						3.0		2.3			
>17~22	6×6	14~70	6						3.5		2.8		0.16	0.25
>22~30	8×7	18~90	8	+0.036 0	+0.098 +0.040	0 −0.036	±0.018	−0.015 −0.051	4.0		3.3			
>30~38	10×8	22~110	10						5.0		3.3			
>38~44	12×8	28~140	12	+0.043 0	+0.120 +0.050	0 −0.043	±0.022	−0.018 −0.061	5.0		3.3			
>44~50	14×9	36~160	14						5.5		3.8		0.25	0.40
>50~58	16×10	45~180	16						6.0	+0.2 0	4.3	+0.2 0		
>58~65	18×11	50~200	18						7.0		4.4			
>65~75	20×12	56~220	20	+0.052 0	+0.149 +0.065	0 −0.052	±0.026	−0.022 −0.074	7.5		4.9			
>75~85	22×14	63~250	22						9.0		5.4		0.40	0.60
>85~95	25×14	70~280	25						9.0		5.4			
>95~110	28×16	80~320	28						10		6.4			

L系列	6~22(2进位)、25、28、32、36、40、45、50、56、63、70、80、90、100、110、125、140、160、180、200、220、250、280、320、360、400、450、500

注：1. (d−t)和(d+t₁)两组合尺寸的极限偏差按相应的 t 和 t₁ 的极限偏差选取，但(d−t)极限偏差应取负号(−)。

　　2. 键 b 的极限偏差为 h9，键 h 的极限偏差为 h11，键长 L 的极限偏差为 h14。

9.5 销

9.5.1 圆柱销

不淬硬钢和奥氏体不锈钢(GB/T 119.1—2000)

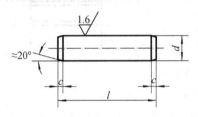

标记示例:

销 GB/T 119.1 10 m6×90(公称直径 d=10、公差为 m6、公称长度 l=90、材料为钢、不经表面处理的圆柱销)

销 GB/T 119.1 10 m6×90—A1(公称直径 d=10、公差为 m6、公称长度 l=90、材料为 A1 组奥氏体不锈钢、表面简单处理的圆柱销)

(mm)

$d_{公称}$	2	2.5	3	4	5	6	8	10	12	16	20	25
$c\approx$	0.35	0.4	0.5	0.63	0.8	1.2	1.6	2.0	2.5	3.0	3.5	4.0
$l_{范围}$	6~20	6~24	8~30	8~40	10~50	12~60	14~80	18~95	22~140	26~180	35~200	50~200
$l_{公称}$	2、3、4、5、6~32(2 进位)、35~100(5 进位)、120~200(20 进位)(公称长度大于 200,按 20 递增)											

9.5.2 圆锥销

GB/T 117—2000[A 型(磨削):锥面表面粗糙度 R_a=0.8 μm,B 型(切削或冷镦):锥面表面粗糙度 R_a=3.2 μm]

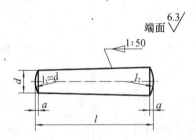

标记示例:

销 GB/T 117 6×30(公称直径 d=6、公称长度 l=30、材料为 35 钢、热处理硬度 28~38HRC、表面氧化处理的 A 型圆锥销)

(mm)

$d_{公称}$	2	2.5	3	4	5	6	8	10	12	16	20	25
$a\approx$	0.25	0.3	0.4	0.5	0.63	0.8	1.0	1.2	1.6	2.0	2.5	3.0
$l_{范围}$	10~35	10~35	12~45	14~55	18~60	22~90	22~120	26~160	32~180	40~200	45~200	50~200
$L_{公称}$	2、3、4、5、6~32(2 进位)、35~100(5 进位)、120~200(20 进位)(公称长度大于 200,按 20 递增)											

9.6 滚 动 轴 承

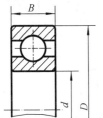

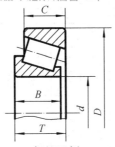

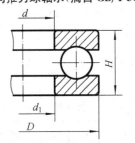

标记示例：
滚动轴承　6310　GB/T 276

标记示例：
滚动轴承　30212　GB/T 297

标记示例：
滚动轴承　51305　GB/T 301

轴承型号	尺寸(mm)			轴承型号	尺寸(mm)					轴承型号	尺寸(mm)			
	d	D	B		d	D	B	C	T		d	D	T	d_1
尺寸系列〔(0)2〕				尺寸系列〔02〕						尺寸系列〔12〕				
6202	15	35	11	30203	17	40	12	11	13.25	51202	15	32	12	17
6203	17	40	12	30204	20	47	14	12	15.25	51203	17	35	12	19
6204	20	47	14	30205	25	52	15	13	16.25	51204	20	40	14	22
6205	25	52	15	30206	30	62	16	14	17.25	51205	25	47	15	27
6206	30	62	16	30207	35	72	17	15	18.25	51206	30	52	16	32
6207	35	72	17	30208	40	80	18	16	19.75	51207	35	62	18	37
6208	40	80	18	30209	45	85	19	16	20.75	51208	40	68	19	42
6209	45	85	19	30210	50	90	20	17	21.75	51209	45	73	20	47
6210	50	90	20	30211	55	100	21	18	22.75	51210	50	78	22	52
6211	55	100	21	30212	60	110	22	19	23.75	51211	55	90	25	57
6212	60	110	22	30213	65	120	23	20	24.75	51212	60	95	26	62
尺寸系列〔(0)3〕				尺寸系列〔03〕						尺寸系列〔13〕				
6302	15	42	13	30302	15	42	13	11	14.25	51304	20	47	18	22
6303	17	47	14	30303	17	47	14	12	15.25	51305	25	52	18	27
6304	20	52	15	30304	20	52	15	13	16.25	51306	30	60	21	32
6305	25	62	17	30305	25	62	17	15	18.25	51307	35	68	24	37
6306	30	72	19	30306	30	72	19	16	20.75	51308	40	78	26	42
6307	35	80	21	30307	35	80	21	18	22.75	51309	45	85	28	47
6308	40	90	23	30308	40	90	23	20	25.25	51310	50	95	31	52
6309	45	100	25	30309	45	100	25	22	27.25	51311	55	105	35	57
6310	50	110	27	30310	50	110	27	23	29.25	51312	60	110	35	62

续表

6311	55	120	29	30311	55	120	29	25	31.5	51313	65	115	36	67
6312	60	130	31	30312	60	130	31	26	33.5	51314	70	125	40	72
尺寸系列〔(0)4〕				尺寸系列〔13〕						尺寸系列〔14〕				
6403	17	62	17	31305	25	62	17	13	18.25	51405	25	60	24	27
6404	20	72	19	31306	30	72	19	14	20.75	51406	30	70	28	32
6405	25	80	21	31307	35	80	21	15	22.75	51407	35	80	32	37
6406	30	90	23	31308	40	90	23	17	25.25	51408	40	90	36	42
6407	35	100	25	31309	45	100	25	18	27.25	51409	45	100	39	47
6408	40	110	27	31310	50	110	27	19	29.25	51410	50	110	43	52
6409	45	120	29	31311	55	120	29	21	31.5	51411	55	120	48	57
6410	50	130	31	31312	60	130	31	22	33.5	51412	60	130	51	62
6411	55	140	33	31313	65	140	33	23	36	51413	65	140	56	68
6412	60	150	35	31314	70	150	35	25	38	51414	70	150	60	73
6413	65	160	37	31315	75	160	37	26	40	51415	75	160	65	78

注:圆括号中的尺寸系列代号在轴承型号中省略。

9.7 常用及优先配合轴、孔的极限偏差

9.7.1 常用及优先配合轴的极限偏差(GB/T 1800.4—1999)

基本尺寸/mm		常用及优先公差带(带圈者为优先公差带)/μm														
		a	b	c	d	e	f	g		h						
大于	至	11	11	⑪	⑨	8	⑦	⑥	5	⑥	⑦	8	⑨	10	11	12
—	3	−270 −330	−140 −200	−60 −120	−20 −45	−14 −28	−6 −16	−2 −8	0 −4	0 −6	0 −10	0 −14	0 −25	0 −40	0 −60	0 −100
3	6	−270 −345	−140 −215	−70 −145	−30 −60	−20 −38	−10 −22	−4 −12	0 −5	0 −8	0 −12	0 −18	0 −30	0 −48	0 −75	0 −120
6	10	−280 −338	−150 −240	−80 −170	−40 −76	−25 −47	−13 −28	−5 −14	0 −6	0 −9	0 −15	0 −22	0 −36	0 −58	0 −90	0 −150
10	14	−290 −400	−150 −260	−95 −205	−50 −93	−32 −59	−16 −34	−6 −17	0 −8	0 −11	0 −18	0 −27	0 −43	0 −70	0 −110	0 −180
14	18															
18	24	−300 −430	−160 −290	−110 −240	−65 −117	−40 −73	−20 −41	−7 −20	0 −9	0 −13	0 −21	0 −33	0 −52	0 −84	0 −130	0 −210
24	30															

续表

基本尺寸/mm		常用及优先公差带(带圈者为优先公差带)/μm														
		a	b	c	d	e	f	g	h							
30	40	−310 −470	−170 −330	−120 −280	−80 −142	−50 −89	−25 −50	−9 −25	0 −11	0 −16	0 −25	0 −39	0 −62	0 −100	0 −160	0 −250
40	50	−320 −480	−180 −340	−130 −290												
50	65	−340 −530	−190 −380	−140 −330	−100 −174	−60 −106	−30 −60	−10 −29	0 −13	0 −19	0 −30	0 −46	0 −74	0 −120	0 −190	0 −300
65	80	−360 −550	−200 −390	−150 −340												
80	100	−380 −600	−220 −440	−170 −390	−120 −207	−72 −126	−36 −71	−12 −34	0 −15	0 −22	0 −35	0 −54	0 −87	0 −140	0 −220	0 −350
100	120	−410 −630	−240 −460	−180 −400												
120	140	−460 −710	−260 −510	−200 −450												
140	160	−520 −770	−280 −530	−210 −460	−145 −245	−85 −148	−43 −83	−14 −39	0 −18	0 −25	0 −40	0 −63	0 −100	0 −160	0 −250	0 −400
160	180	−580 −830	−310 −560	−230 −480												
180	200	−660 −950	−340 −630	−240 −530												
200	225	−740 −1030	−380 −670	−260 −550	−170 −285	−100 −172	−50 −96	−15 −44	0 −20	0 −29	0 −46	0 −72	0 −115	0 −185	0 −290	0 −460
225	250	−820 −1 110	−420 −710	−280 −570												
250	280	−920 −1 240	−480 −800	−300 −620	−190 −320	−110 −191	−56 −108	−17 −49	0 −23	0 −32	0 −52	0 −81	0 −130	0 −210	0 −320	0 −520
280	315	−1050 −1 370	−540 −860	−330 −650												
315	355	−1 200 −1 560	−600 −960	−360 −720	−210 −350	−125 −214	−62 −119	−18 −54	0 −25	0 −36	0 −57	0 −89	0 −140	0 −230	0 −360	0 −570
355	400	−1 350 −1 710	−680 −1 040	−400 −760												
400	450	−1 500 −1 900	−760 −1 160	−440 −840	−230 −385	−135 −232	−68 −131	−20 −60	0 −27	0 −40	0 −63	0 −97	0 −155	0 −250	0 −400	0 −630
450	500	−1 650 −2 050	−840 −1 240	−480 −880												

续表

基本尺寸/mm		常用及优先公差带(带圈者为优先公差带)/μm												
大于	至	js	k	m	n	p	r	s	t	u	v	x	y	z
		6	⑥	6	⑥	⑥	6	⑥	6	⑥	6	6	6	6
—	3	±3	+6 0	+8 +2	+10 +4	+12 +6	+16 +10	+20 +14	—	+24 +18	—	+26 +20	—	+32 +26
3	6	±4	+9 +1	+12 +4	+16 +8	+20 +12	+23 +15	+27 +19	—	+31 +23	—	+36 +28	—	+43 +35
6	10	±4.5	+10 +1	+15 +6	+19 +10	+24 +15	+28 +19	+32 +23	—	+37 +28	—	+43 +34	—	+51 +42
10	14	±5.5	+12 +1	+18 +7	+23 +12	+29 +18	+34 +23	+39 +28	—	+44 +33	—	+51 +40	—	+61 +50
14	18										+50 +39	+56 +45	—	+71 +60
18	24	±6.5	+15 +2	+21 +8	+28 +15	+35 +22	+41 +28	+48 +35	—	+54 +41	+60 +47	+67 +54	+76 +63	+86 +73
24	30								+54 +41	+61 +48	+68 +55	+77 +64	+88 +75	+101 +88
30	40	±8	+18 +2	+25 +9	+33 +17	+42 +26	+50 +34	+59 +43	+64 +48	+76 +60	+84 +68	+96 +80	+110 +94	+128 +112
40	50								+70 +54	+86 +70	+97 +81	+113 +97	+130 +114	+152 +136
50	65	±9.5	+21 +2	+30 +11	+39 +20	+51 +32	+60 +41	+72 +53	+85 +66	+106 +87	+121 +102	+141 +122	+163 +144	+191 +172
65	80						+62 +43	+78 +59	+94 +75	+121 +102	+139 +120	+165 +146	+193 +174	+229 +210
80	100	±11	+25 +3	+35 +13	+45 +23	+59 +37	+73 +51	+93 +71	+113 +91	+146 +124	+168 +146	+200 +178	+236 +214	+280 +258
100	120						+76 +54	+101 +79	+126 +104	+166 +144	+194 +172	+232 +210	+276 +254	+332 +310
120	140	±12.5	+28 +3	+40 +15	+52 +27	+68 +43	+88 +63	+117 +92	+147 +122	+195 +170	+227 +202	+273 +248	+325 +300	+390 +365
140	160						+90 +65	+125 +100	+159 +134	+215 +190	+253 +228	+305 +280	+365 +340	+440 +415
160	180						+93 +68	+133 +108	+171 +146	+235 +210	+277 +252	+335 +310	+405 +380	+490 +465

续表

基本尺寸/mm		常用及优先公差带(带圈者为优先公差带)/μm												
		js	k	m	n	p	r	s	t	u	v	x	y	z
180	200	±14.5	+33 +4	+46 +17	+60 +31	+79 +50	+106 +77	+151 +122	+195 +166	+265 +236	+313 +284	+379 +350	+454 +425	+549 +520
200	225						+109 +80	+159 +130	+209 +180	+287 +258	+339 +310	+414 +385	+499 +470	+604 +575
225	250						+113 +84	+169 +140	+225 +196	+313 +284	+369 +340	+454 +425	+549 +520	+669 +640
250	280	±16	+36 +4	+52 +20	+66 +34	+88 +56	+126 +94	+190 +158	+250 +218	+347 +315	+417 +385	+507 +475	+612 +580	+742 +710
280	315						+130 +98	+202 +170	+272 +240	+382 +350	+457 +425	+557 +525	+682 +650	+822 +790
315	355	±18	+40 +4	+57 +21	+73 +37	+98 +62	+144 +108	+226 +190	+304 +268	+426 +390	+511 +475	+626 +590	+766 +730	+936 +900
355	400						+150 +114	+244 +208	+330 +294	+471 +435	+566 +530	+696 +660	+856 +820	+1 036 +1 000
400	450	±20	+45 +5	+63 +23	+80 +40	+108 +68	+166 +126	+272 +232	+370 +330	+530 +490	+635 +595	+780 +740	+960 +920	+1 140 +1 100
450	500						+172 +132	+292 +252	+400 +360	+580 +540	+700 +660	+860 +820	+1 040 +1 000	+1 290 +1 250

9.7.2 常用及优先配合孔的极限偏差(GB/T 1800.4—1999)

基本尺寸/mm		常用及优先公差带(带圈者为优先公差带)/μm												
		A	B	C	D	E	F	G	H					
大于	至	11	11	11	⑨	8	8	⑦	6	⑦	⑧	⑨	10	11	12
—	3	+330 +270	+200 +140	+120 +60	+45 +20	+28 +14	+20 +6	+12 +2	+6 0	+10 0	+14 0	+25 0	+40 0	+60 0	+100 0
3	6	+345 +270	+215 +140	+145 +70	+60 +30	+38 +20	+28 +10	+16 +4	+8 0	+12 0	+18 0	+30 0	+48 0	+75 0	+120 0
6	10	+370 +280	+240 +150	+170 +80	+76 +40	+47 +25	+35 +13	+20 +5	+9 0	+15 0	+22 0	+36 0	+58 0	+90 0	+150 0
10	14	+400 +290	+260 +150	+205 +95	+93 +50	+59 +32	+43 +16	+24 +6	+11 0	+18 0	+27 0	+43 0	+70 0	+110 0	+180 0
14	18														
18	24	+430 +300	+290 +160	+240 +110	+117 +65	+73 +40	+53 +20	+28 +7	+13 0	+21 0	+33 0	+52 0	+84 0	+130 0	+210 0
24	30														

续表

基本尺寸/mm		常用及优先公差带(带圈者为优先公差带)/μm													
		A	B	C	D	E	F	G	H						
30	40	+470 +310	+330 +170	+280 +120	+142 +80	+89 +50	+64 +25	+34 +9	+16 0	+25 0	+39 0	+62 0	+100 0	+160 0	+250 0
40	50	+480 +320	+340 +180	+290 +130											
50	65	+530 +340	+380 +190	+330 +140	+174 +100	+106 +60	+76 +30	+40 +10	+19 0	+30 0	+46 0	+74 0	+120 0	+190 0	+300 0
65	80	+550 +360	+390 +200	+340 +150											
80	100	+600 +380	+440 +220	+390 +170	+207 +120	+126 +72	+90 +36	+47 +12	+22 0	+35 0	+54 0	+87 0	+140 0	+220 0	+350 0
100	120	+630 +410	+460 +240	+400 +180											
120	140	+710 +460	+510 +260	+450 +200	+245 +145	+148 +85	+106 +43	+54 +14	+25 0	+40 0	+63 0	+100 0	+160 0	+250 0	+400 0
140	160	+770 +520	+530 +280	+460 +210											
160	180	+830 +580	+560 +310	+480 +230											
180	200	+950 +660	+630 +340	+530 +240	+285 +170	+172 +100	+122 +50	+61 +15	+29 0	+46 0	+72 0	+115 0	+185 0	+290 0	+460 0
200	225	+1 030 +740	+670 +380	+550 +260											
225	250	+1 110 +820	+710 +420	+570 +280											
250	280	+1 240 +920	+800 +480	+620 +300	+320 +190	+191 +110	+137 +56	+69 +17	+32 0	+52 0	+81 0	+130 0	+210 0	+320 0	+520 0
280	315	+1 370 +1050	+860 +540	+650 +330											
315	355	+1 560 +1 200	+960 +600	+720 +360	+350 +210	+214 +125	+151 +62	+75 +18	+36 0	+57 0	+89 0	+140 0	+230 0	+360 0	+570 0
355	400	+1 710 +1 350	+1 040 +680	+760 +400											
400	450	+1 900 +1 500	+1 160 +760	+840 +440	+385 +230	+232 +135	+165 +68	+83 +20	+40 0	+63 0	+97 0	+155 0	+250 0	+400 0	+630 0
450	500	+2 050 +1 650	+1 240 +840	+880 +480											

续表

基本尺寸/mm		JS		K			M	N		P		R	S	T	U
大于	至	6	7	6	⑦	8	7	6	⑦	6	⑦	7	⑦	7	⑦
—	3	±3	±5	0/−6	0/−10	0/−14	−2/−12	−4/−10	−4/−14	−6/−12	−6/−16	−10/−20	−14/−24	—	−18/−28
3	6	±4	±6	+2/−6	+3/−9	+5/−13	0/−12	−5/−13	−4/−16	−9/−17	−8/−20	−11/−23	−15/−27	—	−19/−31
6	10	±4.5	±7	+2/−7	+5/−10	+6/−16	0/−15	−7/−16	−4/−19	−12/−21	−9/−24	−13/−28	−17/−32	—	−22/−37
10	14	±5.5	±9	+2/−9	+6/−12	+8/−19	0/−18	−9/−20	−5/−23	−15/−26	−11/−29	−16/−34	−21/−39	—	−26/−44
14	18	±5.5	±9	+2/−9	+6/−12	+8/−19	0/−18	−9/−20	−5/−23	−15/−26	−11/−29	−16/−34	−21/−39	—	−26/−44
18	24	±6.5	±10	+2/−11	+6/−15	+10/−23	0/−21	−11/−24	−7/−28	−18/−31	−14/−35	−20/−41	−27/−48	—	−33/−54
24	30	±6.5	±10	+2/−11	+6/−15	+10/−23	0/−21	−11/−24	−7/−28	−18/−31	−14/−35	−20/−41	−27/−48	−33/−54	−40/−61
30	40	±8	±12	+3/−13	+7/−18	+12/−27	0/−25	−12/−28	−8/−33	−21/−37	−17/−42	−25/−50	−34/−59	−39/−64	−51/−76
40	50	±8	±12	+3/−13	+7/−18	+12/−27	0/−25	−12/−28	−8/−33	−21/−37	−17/−42	−25/−50	−34/−59	−45/−70	−61/−86
50	65	±9.5	±15	+4/−15	+9/−21	+14/−32	0/−30	−14/−33	−9/−39	−26/−45	−21/−51	−30/−60	−42/−72	−55/−85	−76/−106
65	80	±9.5	±15	+4/−15	+9/−21	+14/−32	0/−30	−14/−33	−9/−39	−26/−45	−21/−51	−32/−62	−48/−78	−64/−94	−91/−121
80	100	±11	±17	+4/−18	+10/−25	+16/−38	0/−35	−16/−38	−10/−45	−30/−52	−24/−59	−38/−73	−58/−93	−78/−113	−111/−146
100	120	±11	±17	+4/−18	+10/−25	+16/−38	0/−35	−16/−38	−10/−45	−30/−52	−24/−59	−41/−76	−66/−101	−91/−126	−131/−166
120	140	±12.5	±20	+4/−21	+12/−28	+20/−43	0/−40	−20/−45	−12/−52	−36/−61	−28/−68	−48/−88	−77/−117	−107/−147	−155/−195
140	160	±12.5	±20	+4/−21	+12/−28	+20/−43	0/−40	−20/−45	−12/−52	−36/−61	−28/−68	−50/−90	−85/−125	−119/−159	−175/−215
160	180	±12.5	±20	+4/−21	+12/−28	+20/−43	0/−40	−20/−45	−12/−52	−36/−61	−28/−68	−53/−93	−93/−133	−131/−171	−195/−235
180	200	±14.5	±23	+5/−24	+13/−33	+22/−50	0/−46	−22/−51	−14/−60	−41/−70	−33/−79	−60/−106	−105/−151	−149/−195	−219/−265
200	225	±14.5	±23	+5/−24	+13/−33	+22/−50	0/−46	−22/−51	−14/−60	−41/−70	−33/−79	−63/−109	−113/−159	−163/−209	−241/−287
225	250	±14.5	±23	+5/−24	+13/−33	+22/−50	0/−46	−22/−51	−14/−60	−41/−70	−33/−79	−67/−113	−123/−169	−179/−225	−267/−313
250	280	±16	±26	+5/−27	+16/−36	+25/−56	0/−52	−25/−57	−14/−66	−47/−79	−36/−88	−74/−126	−138/−190	−198/−250	−295/−347
280	315	±16	±26	+5/−27	+16/−36	+25/−56	0/−52	−25/−57	−14/−66	−47/−79	−36/−88	−78/−130	−150/−202	−220/−272	−330/−382

续表

基本尺寸/mm		常用及优先公差带（带圈者为优先公差带）/μm									
		JS		K	M	N	P	R	S	T	U
315	355	±18	±28	+7 −29	+17 −40	+28 −61	0 −57	−26 −62	−16 −73	−51 −87	−41 −98	−87 −144	−169 −226	−247 −304	−369 −426
355	400											−93 −150	−187 −244	−273 −330	−414 −471
400	450	±20	±31	+8 −32	+18 −45	+29 −68	0 −63	−27 −67	−17 −80	−55 −95	−45 −108	−103 −166	−209 −272	−307 −370	−467 −530
450	500											−109 −172	−229 −292	−337 −400	−517 −580

9.8　常　用　材　料

9.8.1　常用钢材（摘自 GB/T 700、GB/T 699、GB/T 3077、GB/T 11352、GB/T 5676）

名　称	钢　号	主　要　用　途	说　明
碳素结构钢	Q215-A	受力不大的铆钉、螺钉、轮轴、凸轮、焊件、渗碳件	Q 表示屈服点，数字表示屈服点数值，A、B 等表示质量等级
	Q235-A	螺栓、螺母、拉杆、钩、连杆、楔、轴、焊件	
	Q235-B	金属构造物中一般机件、拉杆、轴、焊件	
	Q255-A	重要的螺钉、拉杆、钩、楔、连杆、轴、销、齿轮	
	Q275	键、牙嵌离合器、链板、闸带、受大静载荷的齿轮轴	
优质碳素结构钢	08F	要求可塑性好的零件：管子、垫片、渗碳件、氰化件	1. 数字表示钢中平均含碳量的万分数，例如 45 表示平均含碳量为 0.45% 2. 序号表示抗拉强度、硬度依次增加，延伸率依次降低
	15	渗碳件、紧固件、冲模锻件、化工容器	
	20	杠杆、轴套、钩、螺钉、渗碳件与氰化件	
	25	轴、辊子、连接器、紧固件中的螺栓、螺母	
	30	曲轴、转轴、轴销、连杆、横梁、星轮	
	35	曲轴、摇杆、拉杆、键、销、螺栓、转轴	
	40	齿轮、齿条、链轮、凸轮、轧辊、曲柄轴	
	45	齿轮、轴、联轴器、衬套、活塞销、链轮	
	50	活塞杆、齿轮、不重要的弹簧	
	55	齿轮、连杆、扁弹簧、轧辊、偏心轮、轮圈、轮缘	
	60	叶片、弹簧	
	30Mn	螺栓、杠杆、制动板	含锰量 0.7%～1.2% 的优质碳素钢
	40Mn	用于承受疲劳载荷零件：轴、曲轴、万向联轴器	
	50Mn	用于高负荷下耐磨的热处理零件：齿轮、凸轮、摩擦片	
	60Mn	弹簧、发条	

续表

名称	钢号	主要用途	说明
合金结构钢	铬钢 15Cr 20Cr 30Cr 40Cr 45Cr	渗碳齿轮、凸轮、活塞销、离合器 较重要的渗碳件 重要的调质零件:轮轴、齿轮、摇杆、重要的螺栓、滚子 较重要的调质零件:齿轮、进气阀、辊子、轴 强度及耐磨性高的轴、齿轮、螺栓	1. 合金结构钢前面两位数字表示钢中含碳量的万分数 2. 合金元素以化学符号表示 3. 合金元素含量小于1.5%时,仅注出元素符号
	铬锰钛钢 20CrMnTi 30CrMnTi	汽车上的重要渗碳件:齿轮 汽车、拖拉机上强度特高的渗碳齿轮	
铸钢	ZG230—450 ZG310—570	机座、箱体、支架 齿轮、飞轮、机架	ZG表示铸钢,数字表示屈服点及抗拉强度(MPa)

9.8.2 常用铸铁(摘自 GB/T 9439、GB/T 1348、GB/T 9400)

名称	牌号	硬度(HB)	主要用途	说明
灰铸铁	HT100	114~173	机床中受轻负荷,磨损无关重要的铸件,如托盘、把手、手轮等	HT是灰铸铁代号,其后数字表示抗拉强度(MPa)
	HT150	132~197	承受中等弯曲应力,摩擦面间压强高于500 MPa的铸件,如机床底座、工作台、汽车变速箱、泵体、阀体、阀盖等	
	HT200	151~229	承受较大弯曲应力,要求保持气密性的铸件,如机床立柱、刀架、齿轮箱体、床身、油缸、泵体、阀体、皮带轮、轴承盖和架等	
	HT250	180~269	承受较大弯曲应力,要求保持气密性的铸件,如气缸套、齿轮、机床床身、立柱、齿轮箱体、油缸、泵体、阀体等	
	HT300	207~313	承受高弯曲应力、拉应力、要求高度气密性的铸件,如高压油缸、泵体、阀体、汽轮机隔板等	
	HT350	238~357	轧钢滑板、辊子、炼焦柱塞等	
球墨铸铁	QT400—15 QT400—18	130~180 130~180	韧性高,低温性能好,且有一定的耐蚀性,用于制作汽车、拖拉机中的轮毂、壳体、离合器拔叉等	QT为球墨铸铁代号,其后第一组数字表示抗拉强度(MPa),第二组数字表示延伸率(%)
	QT500—7 QT450—10 QT600—3	170~230 160~210 190~270	具有中等强度和韧性,用于制作内燃机中油泵齿轮、汽轮机的中温气缸隔板、水轮机阀门体等	
可锻铸铁	KTH300—06 KTH350—10 KTZ450—06 KTB400—05	≤150 ≤150 150~200 ≤220	用于承受冲击、振动等零件,如汽车零件、机床附件、各种管接头、低压阀门、曲轴和连杆等	KTH、KTZ、KTB分别为黑心、球光体、白心可锻铸铁代号,其后第一组数字表示抗拉强度(MPa),第二组数字表示延伸率(%)

9.8.3 常用有色金属及其合金(摘自 GB/T 1176、GB/T 3190)

名称或代号	牌 号	主 要 用 途	说 明
普通黄铜	H62	散热器、垫圈、弹簧、各种网、螺钉及其他零件	H 表示黄铜,字母后的数字表示含铜的平均百分数
40-2 锰黄铜	ZCuZn40Mn2	轴瓦、衬套及其他减磨零件	Z 表示铸造,字母后的数字表示含铜、锰、锌的平均百分数
5-5-5 锡青铜	ZCuSn5PbZn5	在较高负荷和中等滑动速度下工作的耐磨、耐蚀零件	字母后的数字表示含锡、铅、锌的平均百分数
9-2 铝青铜 10-3 铝青铜	ZCuAl9Mn2 ZCuAl10Fe3	耐蚀、耐磨零件,要求气密性高的铸件,高强度、耐磨、耐蚀零件及 250℃ 以下工作的管配件	字母后的数字表示含铝、锰或铁的平均百分数
17-4-4 铅青铜	ZcuPbl7Sn4ZnA	高滑动速度的轴承和一般耐磨件等	字母后的数字表示含铅、锡、锌的平均百分数
ZL201 (铝铜合金) ZL301 (铝铜合金)	ZAlCu5Mn ZAlCuMg10	用于铸造形状较简单的零件,如支臂、挂架梁等 用于铸造小型零件,如海轮配件、航空配件等	
硬 铝	LY12	高强度硬铝,适用于制造高负荷零件及构件,但不包括冲压件和锻压件,如飞机骨架等	LY 表示硬铝,数字表示顺序号

9.8.4 常用非金属材料

材料名称及标准号		牌号	主 要 用 途	说 明
工业用橡胶板	耐酸橡胶板 (GB/T 5574)	2807 2709	具有耐酸碱性能,用作冲制密封性能较好的垫圈	较高硬度 中等硬度
	耐油橡胶板 (GB/T 5574)	3707 3709	可在一定温度的油中工作,适用冲制各种形状的垫圈	较高硬度
	耐热橡胶板 (GB/T 5574)	4708 4710	可在热空气、蒸气(100℃)中工作,用作冲制各种垫圈和隔热垫板	较高硬度 中等硬度
尼龙	尼龙 66 尼龙 1010		用于制作齿轮等传动零件,有良好的消音性,运转时噪声小	具有高抗拉强度和冲击韧性,耐热(>100℃)、耐弱酸、耐弱碱、耐油性好
耐油橡胶石棉板 (GB/T 539)			供航空发动机的煤油、润滑油及冷气系统结合处的密封衬垫材料	有厚度为 0.4~3.0 的十种规格
毛 毡 (FJ/T 314)			用作密封、防漏油、防震、缓冲衬垫等,按需选用细毛、半粗毛、粗毛	厚度为 1~30
有机玻璃板 (HG/T 2—343)			适用于耐腐蚀和需要透明的零件,如油标、油杯、透明管道等	耐盐酸、硫酸、草酸、烧碱和纯碱等一般碱性及二氧化碳、臭氧等腐蚀

参 考 文 献

[1] 任宗义,等.机械工程制图[M].上海:同济大学出版社,2011.

[2] 臧宏琦,等.机械制图[M].西安:西北工业大学出版社,2009.

[3] 侯洪生,等.机械工程图学[M].北京:科学出版社,2008.

[4] 胡建生.机械制图[M].北京:机械工业出版社,2013.

[5] 吴卓,等.画法几何基础及机械制图[M].北京:北京理工大学出版社,2013.

[6] 中国纺织大学工程图学研室.画法几何及工程制图[M].4 版.上海:科学技术出版
社,1997.

[7] 刘黎,等.画法几何基础及机械制图[M].北京:电子工业出版社,2006.

[8] 王兰美,等.机械制图[M].北京:高等教育出版社,2004.

[9] 武晓丽.现代工程图学——设计制图[M].兰州:甘肃教育出版社,2000.

[10] 叶玉驹,等.机械制图手册[M].4 版.北京:机械工业出版社,2008.

[11] 全国技术产品文件标准技术委员会等.技术产品文件标准汇编——机械制图卷[G].2
版.北京:中国标准出版社,2009.

[12] 李月琴,等.机械零部件测绘[M].北京:中国电力出版社,2007.

[13] 刘克明.中国工程图学史[M].武汉:华中科技大学出版社,2003.